女人受用一生的心理课

女人要活得明白，干得漂亮，爱得智慧

人心是世界上最复杂的一把锁，打开它，一切难题都将迎刃而解。
遇事能掌控而不失控，从而成就完美的人生。

文 捷 ◎ 编著

Nvren shouyong

Yisheng de Xinlike

中国华侨出版社

图书在版编目（CIP）数据

女人受用一生的心理课 / 文捷编著. — 北京：中国华侨出版社，2014.11

ISBN 978-7-5113-4969-9

Ⅰ. ①女… Ⅱ. ①文… Ⅲ. ①心理学—女性读物 Ⅳ. ①B84-49

中国版本图书馆CIP数据核字（2014）第253062号

● **女人受用一生的心理课**

编　　著 /	文　捷
责任编辑 /	棠　静
责任校对 /	志　刚
装帧设计 /	环球互动
经　　销 /	新华书店
开　　本 /	710毫米×1000毫米 1/16　印张 /16.5　字数 /222千字
印　　刷 /	北京柯蓝博泰印务有限公司
版　　次 /	2015年1月第1版　2015年1月第1次印刷
书　　号 /	ISBN 978-7-5113-4969-9
定　　价 /	32.80元

中国华侨出版社　北京市朝阳区静安里26号通成达大厦3层　邮编：100028
法律顾问：陈鹰律师事务所　　编辑部：(010) 64443056　　64443979
发行部：(010) 64443051　　传　真：(010) 64439708
网　址：www.oveaschin.com　　E-mail：oveaschin@sina.com

 序

了解人心，才能做对事情

美国著名作家、商界知名人士查尔斯·哈奈说："我们生活在一个可塑的、深不可测的精神物质海洋之中。"在这个精神物质的海洋中，我们每个人都能够感受到一种神奇而强大的力量，它支配我们的行动，时而让我们充满力量，时而又让我们沮丧不已，时而带给我们幸福和快乐，时而让我们倍感痛苦与烦恼……这便是操控人类的神奇力量——心理。

对多数女人而言，心理可能是一种看不见、摸不着的学科，离自己的生活极为遥远。但实际上，心理和心理现象是每个人每时每刻都在体验着的，是人类生活和生存所必需的。一个人只有真正地洞悉人心，才能根据他人内心的想法调整自己的行为方式，把事情做得恰到好处。女人的幸福多与身边的男人密切相关，如何与男人和谐相处，如何更好地处理好与男人之间的矛盾与摩擦，如何去爱才能使爱情和婚姻甜如蜜……这就需要读懂男女间的心理差异，了解男人内在的隐秘心绪，同时还要遵循必要的恋爱法则以及掌握经营婚姻的方法和技巧，才能四两拨千斤，让爱人对你死心塌地。

同样地，交际心理也是女人工作、与人相处时必须要掌握的一门学问。一个人缘好、工作顺心、事业顺利的女人，一定是懂得把握人心的智者。在纷乱复杂的社交关系中，聪明女人往往心思细腻，知深浅，懂进退，善于解读别人、隐藏自己、攻守相济。这是一种正向的智慧，更是一门实用的学问。

另外,一个女人一生的成功与否、幸福与否、快乐与否,都与其能否做好"自我管理"密切相关。心理学是一门探求人们内心秘密和心灵力量的学科。心理学家指出,人的心灵是具有巨大能量的,它在很大程度上决定我们的一生。生活中,我们对人生的选择、对人生方向的把握以及对生活中诸事的掌握,大都与它有着密切的关系。所以,女人要想获得幸福的生活、顺利的事业、强大的内心,就要懂得发挥自我心灵的能量,懂得自我控制和自我管理。

总之,本书立足于女人现实生活中常遇到和常关注的实际问题,从婚恋、社交、自我管理等方面出发,用最贴近生活的通俗语言,把心理问题分析得透彻、明亮,帮助女人摆脱假象的迷惑,在错综复杂的人性海洋中找到正确的行事方法,让其更加游刃有余地融入社会交往,面对各种挑战。读完本书后,你会发现,读懂人心,做好事情,原来就是这么简单!

 目录

Part 1
婚恋心理：男人和女人之间的那些心理"较量"

矛盾源自差异：男人有狩猎本性，女人有筑巢本性

01. 女人的世界是男人，男人的世界是世界 …………………………… 2
    ☆ 男人与女人之间的较量，输家不是因为不够聪明，仅仅是因为更爱对方。

02. 女人爱"唠叨"，男人爱"自言自语" …………………………… 6
    ☆ 女人经常批评男人不敏感，不体贴，不爱说话，很少表达爱意；而男人则经常批评女人唠叨不断。

03. 女人沟通靠"感觉"，男人沟通靠"直说" …………………………… 8
    ☆ 男人要先沟通，才有好的感觉；女人要先有好的感觉，才愿意畅快沟通。

04. 男人和女人的"分手理由"各不相同 …………………………… 11
    ☆ 男人离开女人，往往是因为自己无法满足女人的物质需求；女人离开男人，往往是因为男人不足够爱她。

05. 女人注重"感觉"，男人在乎"关系" …………………………… 13
    ☆ 能让男人记挂一生、念念不忘的，该是那种能走近男人生活，而不走进男人生活的女人。

06. 女人在感性后理性，男人在理性后感性 …………………………… 16
    ☆ 男人表面上看起来成熟稳重，做事理智，但是经历过一场恋爱之后却变得容易感伤；女人则在恋爱的时候全情投入，几近失去理智，但是在恋情结束之后却能够变得分外冷静。

07. 女人视婚姻为让予权利，男人视婚姻为接受义务 …………… 19
    ☆ 男人用"忠心不贰"来表达爱，用"供养"来延续关系。女人则是以为爱牺牲来表达爱，靠的是感动来灌溉感觉。

08. 女人交谈是为了建立联系，男人交谈是为了强调位置 …………… 21
    ☆ 心理学家德博拉·泰南认为：男人通过交谈来强调自己的社会位置，女人通过交谈来建立联系。这是男人和女人沟通中最明显的差异。

09. 女人和男人的"选择"各不相同 ……………………………… 24
    ☆ 在感官方面，男女在触觉、嗅觉和痛觉的灵敏性方面不相上下，对声音的辨别、定位以及颜色色调的知觉上女性优于男性，而男性在视觉上则比女性灵敏。

不懂男人的女人最吃亏：了解男人的隐秘心绪

10. 每个男人都有一个"洞穴" ………………………………… 27
    ☆ 每个男人都有一个"心理洞穴"，那是他们的私密之地。排泄压力、反省自我、解决问题、思念某人……统统都在那里得以解决。

11. 面子是男人的"精神底线" ………………………………… 30
    ☆ 与老人相处不要忘了他的自尊；与女人相处，不要忘了她的情绪；与男人相处，一定记住不要忘记顾及他的面子。

12. "红玫瑰"和"白玫瑰" …………………………………… 32
    ☆ 在现实的生活中，很多男人心中都有两朵永远开放的"玫瑰"：红玫瑰是相濡以沫的妻子，白玫瑰则是有缘无分的情人。红玫瑰是身心疲惫时温情的港湾，白玫瑰是内心深处永难平复的一道伤痕。

13. 谁是你的"白马王子" …………………………………… 35
    ☆ 女人总希望自己是男人停泊的港湾。

14. 男人大多都有"英雄情结" ………………………………… 37
    ☆ 男人们最崇拜的其实是自己，因为，在男人们的心目中，他们自己本身就是一个英雄。

15. 每个男人都是一个"孩子" ………………………………… 40
    ☆ 爱是相互的。当男人想从女人那里得到温情和爱的时候，与其回绝，不如给他，这样才能从他那里得到更多的爱。

16. 获得尊重是男人最大的情感需求 ············ 43

☆ 男人的内心其实是脆弱的,自尊是他们最敏感的神经。男人都怕被别人瞧不起,怕被人说成没本事。有时候简单的一句话,就能变成一把匕首刺伤男人的心。

17. 千万不可触碰男人的心理"死穴" ············ 46

☆ 男人的心理其实和女人一样难以捉摸,尽管男人们平时看起来大大咧咧的,不拘小节,但是他们也是有心理"死穴"的,女人不小心一旦触及,便等于置你们的感情于危险的境地。

会爱的女人最幸福:女人需谨记的婚恋法则

18. 爱情的"美酒"为何没有了味道 ············ 50

☆ 车尔尼雪夫斯基说:"生活只有在平淡无味的人看来才是空虚而平淡无味的。"

19. 男人的喜欢和爱,你分得清楚吗 ············ 53

☆ 所谓的喜欢,是喜欢你带给他的甜蜜;所谓的爱,会连同爱你所带给他的不快乐。

20. 女人保持长久吸引力的秘诀 ············ 55

☆ 保持长久的吸引力,是每个女人一生都在追求的事业!

21. 让爱"无价"的砝码:摆正你的姿态 ············ 57

☆ 当女人真正输掉一份感情时,就要问自己:真的输了吗?真正的输,是输掉了自己;真正的赢,是令自己变得更好。

22. 别在浪漫中迷失自我:爱情并不与玫瑰为伍 ············ 60

☆ 男人用眼睛恋爱,女人则用耳朵恋爱。爱情中,男人对"漂亮"的免疫力很低,而女人则对"甜言蜜语"的免疫力很低。要想获得一段真感情,保持清醒是前提。

23. 男人天生被这样的女人所吸引 ············ 63

☆ 什么样的女人能让男人一世不忘?答案是那些让他们差一点儿得到,但始终没有真正得到过的女人。

24. 婚姻如鞋,切莫贪图鞋的华贵而委屈了脚 ············ 66

☆ 女人这一生,最看重的永远是婚姻。女人会把婚姻的成功当成人生最大的成功。而找一个合适的伴侣,是成功婚姻的基本条件。

25. 选择爱你的人，不如选择懂你的人 ········· 69

　　☆女人，只有遇到真正懂自己的人，才能焕发出十足的魅力；遇不上对的人，只能是两相折磨。

26. 能读懂男人拒绝你的"暗语"吗 ········· 73

　　☆一个拒绝女人的男人，一定会找出诸多的理由和借口。

27. 女人与"网游"的"战争" ········· 75

　　☆女人对待"网虫男人"，要懂得迂回作战，才不会让男人"岔路而行"。

读懂婚姻，牵着爱人的手幸福到老

28. 被女人"逼"出来的"出轨男" ········· 79

　　☆很多时候，男人的"出轨"是一种对家庭压力的逃避。

29. 要让男人回家，先要为他守住回家的路 ········· 82

　　☆分手如同结束一场宴会，美味已经吃完了，剩下的都是些残羹剩饭，不走更待何时？是否一定要让自己倒了胃口才肯离开？

30. 谁才是男人一生忘不掉的女人 ········· 84

　　☆男人的一生中会出现很多的"白玫瑰"与"红玫瑰"，但是最令他难以忘记的，是那个在艰难岁月中陪伴他的女人。

31. 给男人吃"定心丸"，给自己吃"紧心丸" ········· 86

　　☆智慧女人懂得：爱应该是有节制的，该是向善的。因此，好女人对男人只要心怀善意就行了。女人爱得泛滥，爱得匮乏，都会让男人感到紧张，感到烦闷。

32. 男人最爱的是那种懂得取悦自己的女人 ········· 89

　　☆愚蠢的女人靠取悦男人而终被男人厌弃，聪明的女人通过理解自己来获得男人的真爱。

33. 别拿爱去"捆绑"你的男人 ········· 91

　　☆真爱上一个人，女人心底会生出更多的惶恐，会日日想一切办法抓住他；真爱上一个人，男人会心满意足、如释重负，然后去做其他自己该做的事。

34. 婚姻最坚韧的纽带是男女精神的共同成长 ········· 95

　　☆在婚姻中，男人最看重的是"恩情"，女人最看重的是"忠诚"。所以，对于女人来说，要获得男人的"忠诚"，先让他感受到"恩情"。

35. 别让"虚荣"毁了你的幸福 …………………………… 97

　　☆"虚荣"是颗毒瘤，会慢慢地吞蚀掉你的幸福，毁掉你的婚姻。

Part 2
社交心理：读懂人，做对事，打造你的好人缘

先寻觅到"心声"，再收获好人缘

36. 读懂男人的隐秘心绪：与异性交善的秘诀 …………… 102

　　☆在女人面前，男人都想做英雄。尤其是在弱小的女人面前，很多男人都会心生怜惜，从而产生保护欲。

37. 让一个人喜欢上你，只是半分钟的事 ………………… 104

　　☆很少有人知道，其实，人与人之间的交流，在他们还未开口谈话之前就开始了。人与人之间最起初的交往，是从印象、眼神和肢体语言开始的。

38. 让不喜欢的人喜欢上你 ………………………………… 107

　　☆让不喜欢的人喜欢上你，与其对他说："嗨，我能帮你做点什么？"不如尝试着说："嗨，你能帮我做点什么吗？"

39. 用"呼名唤姓"打开他人心扉 ………………………… 109

　　☆名字，是人最重要的一张身份证件。你记住了对方的名字，能对他呼名唤姓，说明你在心中已经完全认可了他这个人，这是对对方最大的尊重。

40. 眼神制胜法则：将"自信"藏在"眼语"中 ………… 111

　　☆每个人都有自己的"心灵之窗"，读懂它，是征服一颗心的首要功课。

41. 社交姿态要摆正：甘做学生，不做老师 ……………… 114

　　☆"学生姿态"的女人更容易成为交际场上的"大明星"，"老师风范"的女人只能年复一年地让人生厌。

42. 好运总是偏爱那些爱笑的女人 ………………………… 116

　　☆但凡那些人见人爱的女孩子，大多有一副天生亲和的笑模样！她对世界笑得甜蜜，世界自然会还她一段甜蜜蜜的人生际遇。

43. 真诚地对别人"感兴趣" ……………………………… 119

　　☆奥地利著名心理学家亚佛·亚德勒写过一本叫作《人生对你的意识》的书。在书中他说："不对别人感兴趣的人，他一生中的困难最多，对别人的伤害也最大。所有人类的失败，都出之于这种人。"

44. 亮出"缺点"也是"推销自我"的良方 …………………… 121

☆ 交际,最重要的就是"自我推销"。每个人固然都要推销自己,但并不代表每个人都懂得如何推销自己。

调整言行状态,掌握主动权

45. 面对他人的"情感"攻势,你也可以说"不" …………… 124

☆ 在交易场所,感情只能作为交易成功与否的参考因素,而不能成为事情的最终归属。

46. "礼貌"二字,能拉近距离,也能疏远关系 …………… 126

☆ 在陌生人面前,"礼貌"二字可以为你的形象加分。但是在熟人面前,太过"礼貌"便成了拒绝对方的一种方式。

47. "接受帮助"是一种度量和胸襟 ………………………… 128

☆ 有度量和胸襟是女人一种最为可贵的精神品质,女人身上所散发出来的人性的光辉皆源于那里。

48. 关心他所关心的人 …………………………………………… 131

☆ 每个人的生命都是一个节点,要让对方支持我们的秘诀就在于:寻求来自他周围朋友的支持。

49. 能说的不如会听的 …………………………………………… 133

☆ 倾听的"倾"字,表示身体向前倾斜着,用肢体语言表示关爱与尊重。

50. 一滴蜂蜜甚于一加仑胆汁 ………………………………… 136

☆ 恰如其分地赞美,能创造一种热情友好的气氛,能使彼此的心情更为愉悦。这是人类真正认识自身存在价值的一种需要。

51. 这样去夸奖人最恰当 ……………………………………… 138

☆ 一句话出口前,你是它的主人,出口之后,它是你的主人。钉子可以从木板中拔出,说出去的话却无法收回。所以,养成话出口前先思索的习惯,它能让你受人欢迎。

52. 与固执的人合作,学会晾一晾他 ………………………… 140

☆ 与太过固执的人谈合作,如果对方态度强硬,就要学会先晾一晾他。

53. 别人的心绪你知晓多少 …………………………………… 142

☆ "两军相遇智者胜",千智万智又以明白对方的心绪为上。

54. 赢在"细节"：无关紧要的"小事"最能打动人 ……………… 144

☆ 你希望别人怎样待你，你也要怎样待别人。

话语要精准，眼神要动人，行动要到位

55. 应对大场面，克服紧张情绪有诀窍 …………………………… 147

☆ 克服紧张情绪的最佳良药便是行动。当你害怕时，要说服自己大声地讲出来；当你紧张时，要尽量让自己动起来。

56. 原来，讲话也讲求"黄金比例" ……………………………… 150

☆ 在交际场上，说话是讲究"黄金比例"的，即为话语的"长度"要精准，面部表情要动人，话点要到位。

57. 声音的魅力无可阻挡 …………………………………………… 152

☆ 交际中，女人悦耳的声音是可以为其形象加分的。所以，在任何时候，女人开口说话，都要注意控制好自己的声音。

58. 不做"理性女"，要做"知性女" …………………………… 154

☆ 一个女人如果对事对物太过理性，只会显得"死板"、"无趣"，这样的女人是缺乏女人味的。

59. 得"理"要饶人，理"直"也不要气壮 ……………………… 156

☆ 人不讲理，是一个缺点；人硬讲理，是一个盲点。在交际场上，"理直气和"远比"理直气壮"更能说服和改变他人。

60. 职场中，哪些话说不得 ………………………………………… 158

☆ 一个智慧的女人绝不会让舌头超越其思想。

61. 别犯"公主病"，它是社交"毒药" ………………………… 160

☆ 要想与任何人相处和谐，要遵循最重要的一条原则：先向别人施与爱。

62. 唠叨，是你人缘恶化的"头号暗礁" ………………………… 162

☆ 陶乐丝·狄克斯认为："一个男性的婚姻生活是否幸福和他太太的脾气性格息息相关。如果她脾气急躁又爱说话，还没完没了地挑剔，那么即便她拥有普天下的其他美德也都等于零。"

63. 旁敲侧击，用智慧让道理"拐弯" …………………………… 165

☆ 当你劝告别人时，若话语太直，不顾及别人的自尊心，那么再有道理的言语都会起到适得其反的作用。

Part 3
自我控制：运用心灵的力量，成为你想成为的人

自我管理，女人一生的成长宝典

64. 女人的"第六感"暗示着什么 ················· 168
 ☆ 每个女人的心中都有一股炫秘的冲动，引领自己面向一个似曾预知的必然。

65. "顶"着自己的名字，就要活出自己的样子 ················· 171
 ☆ 在茫茫人群中，每个人都是平凡者。但很平凡的那些人，每天都在想："如何做一个不平凡者？"于芸芸众生中，你得先想好："我是谁？"

66. 敢于对你的人生下达"指令" ················· 174
 ☆ 但凡能赢得精彩人生的女人，总是对自己的人生有要求的。对人生没有要求的女人，永远做不了人生的大赢家。身为女人，如果你不想总是输，那就学会对自己的人生下达"指令"！

67. 什么样的女人常赢不输 ················· 177
 ☆ 一个能赢得天下的强大女人，一定具备两个特点：能聚和气，并且还懂坚持。

68. 7年的"一万小时定律" ················· 180
 ☆ 花1分钟想一想，曾经最想做的事情是什么，然后每天去做这件事。7年后，你会发现你已经可以靠这件事出去打拼了。

69. 学会适当推迟你的"满足感" ················· 182
 ☆ 那些虽有目标但一生却庸庸碌碌，达不成目标的人，就在于性格中都不乏"好逸恶劳"的成分。

70. 你想成为什么样的人，就能成为什么样的人 ················· 185
 ☆ 心理学家汤玛斯·萨斯说："人们经常会信口说什么尚未找到自我，但是事实上，自我并不是被找出来的，它是被创造出来的。"

71. 你要成功，还是要成长 ················· 188
 ☆ 在任何时候，女人的成熟比成功更重要，成长要比赚更多钱重要。

72. 你从事的是自己最擅长的工作吗 ················· 191
 ☆ 富兰克林说："宝贝放错了地方便是废物。"在人生的坐标上，如果你站错了位置，在你不擅长的领域里谋生，当然会异常艰难。接二连三的失败可能会使你的意志逐渐消沉，从而永远卑微地生活下去。

73. 成就都来源于自我推动 …………………………………… 194

☆ 如果你想要更上一层楼，就为别人提供超出预期更多、更好的服务。每一次都尽力超越上次的表现，很快你就会超越周围的人。

女人获取幸福的心理"密码"

74. 悲苦的自我催眠作用 …………………………………… 197

☆ 苏岑说："有些女人，天天把'苦'放在嘴边。其实，不见得是真苦。也许仅仅只是，她把自己催眠了而已……"

75. 一个"钱"字，能抵多少幸福 ………………………… 200

☆ 有钱的世界固然很美好，但是"钱"不能解决生活中的一切难题，比如幸福。

76. 一个"等"字，让女人失去了什么 …………………… 203

☆ 人生最痛苦的一件事，不是得不到幸福，而是它向你走来，你却一脚把它踢开，然后在"等"字中将它消耗掉。

77. 女人多数的"不幸福"都是"比较"出来的 ………… 206

☆ 女人的"比较战"中，没有赢家，比来比去，最终会毁了自己的好心情，甚至会毁掉自己的幸福。

78. 幸福，永远属于寻找幸福的女人 ……………………… 208

☆ 女人，只有让自己的内心变得强大，能轻松自如地主宰自己的生活，自找快乐，生活才会真正对你微笑。

79. 能主宰自我的女人最幸福 ……………………………… 211

☆ 一个女人，只有自己变强大了，生活才会真正对你微笑。

80. "幸福"是经不起"晒"的 …………………………… 214

☆ 幸福本身就是一个很玄妙的东西，它经不起晒。你若是太在乎它，总是一览无遗地把它暴露在众人的面前，它就越是不可靠。

81. 幸福其实是我们对生活的一种愿望 …………………… 216

☆ 生活其实就是一种愿望，幸福其实是人在得到的一瞬间所产生的精神的愉悦感。

82. 寻找幸福生活的秘诀 …………………………………… 218

☆ 积极心理学的研究表明，当人心存善念和感恩之情时，往往会表现出更多的良好情绪，而受到更多人的欢迎。

83. 人生所追求的终极目标是什么 ⋯⋯⋯⋯⋯⋯⋯⋯ 220

☆ 人活一世，每个人的理想其实都只有一个：快乐！

女人输在一股心劲，赢在一份自控力

84. 情绪的神秘力量 ⋯⋯⋯⋯⋯⋯⋯⋯⋯⋯⋯⋯⋯⋯ 223

☆ 心理学大师罗·伯顿说："如果世界上有地狱的话，那就存在于人们的心中。"

85. 生气是一种"慢性自杀"行为 ⋯⋯⋯⋯⋯⋯⋯⋯ 226

☆ 生气1小时的杀伤力相当于熬夜加班6小时！

86. 你有足够强大的内心吗 ⋯⋯⋯⋯⋯⋯⋯⋯⋯⋯⋯ 228

☆ 一个强大的女人，总有一颗足够强大的内心。判断一个女人的内心是否真的强大，关键看其是否有强大的自我掌控能力。

87. 最有效的"自我情绪"调节法 ⋯⋯⋯⋯⋯⋯⋯⋯ 231

☆ 心理学家卡西·拜特说："我们醒来的每一天都是一个新的开始，又一个机遇。为什么要把时间浪费在自怜、懒散、自私上呢？"

88. 别让"仇恨"把你的人生染成苦味 ⋯⋯⋯⋯⋯⋯ 234

☆ 去恨一个人比伤自己还要恐怖！被恨的人是受不到什么伤害的，而去恨的那个人只会让自己伤得越重，最终只会是伤痕累累！

89. 学习，是抵制你惶恐无助的最佳利器 ⋯⋯⋯⋯⋯ 236

☆ 当你无助的时候，不要把时间用在"惶恐"上面，不妨去学习一样东西，并把这当成习惯。

90. 用一颗"波澜不惊"的心，换就一张永不垂老的脸 ⋯⋯⋯ 239

☆ 三毛说："人生如三道茶：第一道苦若人生，第二道甜似爱情，第三道淡如微风。"

91. 别让"琐碎"把你的人生给"揉碎" ⋯⋯⋯⋯⋯⋯ 241

☆ 人心只一拳，别把它想得太大。盛下了是非，就盛不下正事。

92. 你的心理处于疲劳期吗 ⋯⋯⋯⋯⋯⋯⋯⋯⋯⋯⋯ 244

☆ 哈佛大学医学家赫伯物·本林说："当一个人的身心处于过分紧张时，他的机体免疫能力便会削弱。"

Part1　婚恋心理：
男人和女人之间的那些心理"较量"

　　自我们降生人间，睁开眼睛，世界上就只存在两种人：男人和女人，他们分属于两大不同的阵营，为了能彻底地"降服"对方，双方展开了激烈的"较量"。但后来，有一种东西彻底终结了这场"较量"，那便是爱情。于是，大家纷纷去幻想、去触摸、去享受，直到双方被刺得头破血流才发现，原来爱情并不如想象的那般美好。尽管起初它是甜蜜的，但终究还是被对方的"刺"所刺伤。于是，双方又开始了在接纳和排斥之间徘徊不定，犹豫不决，双方间的心理"暗战"无休无止……

　　其实，男人和女人，从来没有好好地相互了解过。对于女人来说，男人并不难了解，只是从来没有人跟你说过。从现在开始，揭开两性之间的面纱，了解男人和女人之间的认知差异，你便能在爱情的海洋中轻松快乐地畅游……

矛盾源自差异：
男人有狩猎本性，女人有筑巢本性

男人和女人看似相亲相爱的一家人，同在一个屋檐下，同睡一张床，同吃一锅饭，但多数情况下却是相互不了解的一对：沟通困难、意见不合、误会频生、分歧重重……他们好似最亲密的陌生人。其实，他们之间的多数矛盾都源于双方与生俱来的本性差异：男人与生俱来的狩猎本性，决定了他们向往广阔的野外世界，渴望刺激；女人筑巢的本性，也决定了她们会安守本分，渴望安稳。女人要想真正地享受爱情，顺利地化解彼此间的冲突和矛盾，就先从了解男人和女人的本性差异开始吧！

01. 女人的世界是男人，男人的世界是世界

❤ 心理探秘：

☆ 男人与女人之间的较量，输家不是因为不够聪明，仅仅是因为更爱对方。

☆ 男人以得到好女人来炫耀自己；女人则以守住好男人来炫耀自己。

☆ 女人用智慧，可以留住男人。但，爱，可以化解女人的万种智慧，让女人成为彻头彻尾的"傻瓜"。

☆ 男人的爱可以彻底拴牢女人，而女人的爱，永远留不住男人的心，仅仅是因为女人的世界是男人，男人的世界是世界。

女人说:"女人如果心中没有爱人,或没有一个爱自己的男人,就等于鲜花没有了水。所以,无论如何我也不能离开男人,没了家庭。"

男人说:"男人如果生活中没有事业,就像被抽了脊椎的软体动物一样,只能爬着前行。所以,我没有什么也不能没有事业,没有前进的目标。"

可见,同为人类的个体,男人和女人的心理渴求是完全不同的:女人的生命最不能缺少的是爱情和爱人,而男人的生命最不能缺少的便是事业。

男人有狩猎本性,女人有筑巢本性。对于女人来说,她们更看重家庭,在乎身边的男人,是因为其"筑巢"天性本能造成的。因为离开了男人,女人筑起的巢即便再华丽,也失去了意义。有人说,爱情的质量决定着女人皮肤的质量,身边爱人心理和行为的变化每时每刻都在牵动着女人们的神经,这都是因为女人想把"巢"筑得更完美一些。

对于男人来说,他们更注重事业,注重外界视野的开拓,也是因为其"狩猎"的天性和本能造成的。事业对男人来说就像脊椎般一样重要。

有这样一个故事:

盐阳有条盐水河,河里有个盐水女神。她不仅长得美丽动人,而且还智慧过人。

这位女神见了勇士廪君,顿时为他的英雄气概所折服,产生了爱慕之情,并愿意以身相许,和廪君结为夫妻。她对廪君说:"我们这里方圆广阔,出产丰富的鱼和盐,希望你能留下来,和我共同生活,不要再往前走了。"廪君虽然也被女神的美貌和风韵所倾倒,但感到盐阳地方太小,并不是全部族生活的理想场所。如果自己单独留下,也对不起全部族的父老乡亲,思来想去,廪君还是婉言谢绝了女神的请求。

痴情的女神并不甘心,她想用爱情的力量挽留住自己的心上人。于

是,她每天晚上悄悄地跑来伴廪君宿夜,待早晨天刚放亮,就化为细小的飞虫,而且率领各种各样的飞虫聚集在空中,遮天蔽日,使整个盐阳昏天黑地。廪君想带领部族百姓启程出发,却被这声势浩大的飞虫阵给阻拦住了。他根本分不清楚东西南北,搞不明白是黑夜还是白昼。

这样的情景,一连七天七夜,廪君一筹莫展,心急如焚。廪君知道这是盐水女神搞的名堂,便几次劝她不要纠缠。可是女神脾气古怪,她心想:只要我心中的情人不答应留下来,就是磨破嘴皮子,我也不听。

廪君实在无计可施,经过长时间思考,终于想出一个不得已的办法。这天,廪君派人送给女神一缕青色发丝,去的人说:"这缕青色发丝是我们首领廪君从头上拔下来的,作为定情之物,表示要与女神同生共死,结为永久夫妇,请你一定要把它系在身上,不要辜负廪君的一片好意。"听到这话,盐水女神毫不怀疑,以为廪君真的为她的真情打动,决心留下来了。沉浸在幸福憧憬中的她,高兴地把青色发丝系在腰间。

早晨,当女神又变成小飞虫,会同其他各种各样的飞虫在天空中飞舞的时候,她腰间那缕青色发丝也随风摇曳,她做梦也没想到危险已经临近了。廪君站在地面上,飘荡的青色发丝看得真真切切。他知道,那就是女神,是他心爱的人。但为了部族的生存,也顾不了那么多了。廪君登上一块称为阳石的石头,弯弓搭箭,朝着青色发丝的方向射去。随着一声痛苦的呻吟,盐水女神带着箭伤,从半空中飘然而下,坠入盐水之中。廪君放下弓箭,跑上前去,只见女神晶莹的眸子紧闭,脸色苍白,已经奄奄一息。痴情的盐水女神带着无限思念和遗憾,随着波涛永远地离去了。瞬间,空中数不清的飞虫便飞散得无影无踪,天空又恢复往日的明亮,大家尽情欢呼,庆贺廪君的胜利。可廪君心里挺不是滋味,他眼里噙着泪花,怔怔地瞅着逝去的流水,一句话也没说。

廪君带领部族百姓,又坐上船,从盐阳出发,继续寻找新的家园。后来,他们终于找到一块富饶肥沃的土地,就在那里盖房子、建城池。经过几代人的努力,建成一座雄伟美丽的城市,取名叫"夷城"。从此,他们的子孙就在这里世世代代地繁衍生息下来。

其实生活中，多数女人都会如盐城女神一般，她们开动脑筋，使尽智慧，提升气质，增添魅力，终究只有一个目的：吸引男人，进而留住男人。而男人终其一生的目的，就是开拓世界，开阔视野，勇于进取。女人的世界是男人，男人的世界是世界。

人们常说："恋爱中的女人智商通常为零，总在男人的甜言蜜语中迷失自我，做尽蠢事，自我伤害！"其实，这跟女人的智商没关系。女人愿意坚定不移地相信男人，仅仅是因为她们装着满满的爱。

总之，征服外部世界是男人的生命动力，为此，男人们造出了飞机、轮船、火车、宇宙飞船。这一切都印证了男人的选择是雄心勃勃且无坚不摧的。男人选择了世界也就选择了激情、宽容、忍耐、冒险……

而爱情则是女人的生命动力。为了让男人一天到晚都在爱着自己，她们选择了柔情、撒娇、哭泣、专情、痴情、忍耐、等待……

所以，在婚恋场上，最终的输家不是因为不够聪明，仅仅是因为更爱对方。

> **• 心理导读**
>
> 女人，在任何时候都不该在爱中沉迷，不该把男人当成精神依靠。人，总要有点寄托，当女人的寄托不再仅是男人时，你会发现这个世界会宽敞许多。
>
> 爱情是美丽的，女人也是美丽的。在任何时候，女人都不要因为男人而践踏自己，不要以为委曲求全就能换来一个男人的爱情。离开那个不懂得欣赏你的男人，这便是最华丽的转身，虽然心有不甘，但是痛苦的折磨反而让自己没有精力去经营你的工作或者学习。

02. 女人爱"唠叨",男人爱"自言自语"

◆ 心理探秘:

☆ 女人经常批评男人不敏感,不体贴,不爱说话,很少表达爱意;而男人则经常批评女人唠叨不断。

☆ 男人认为男人才是最理智的,而女人认为女人才是最理智的。

☆ 女人以"唠叨"来发泄心中的不快,目的是为了引起男人注意,以获得更多的关爱与体贴;男人则常以沉默和思考去面对问题,企图通过解决问题而达到缓和夫妻关系的目的。

安迪下班后,发现家里乱乱的,于是,开始忙着收拾。她看到丈夫杰端在一旁看电视,便吩咐说:"亲爱的,去倒垃圾好不好?"丈夫随口答应,并未行动。过了一会儿,安迪又开始催促:"杰端,你说你会倒垃圾的。"几分钟过后又说道:"杰端,垃圾怎么还在那里呢?"接下来,安迪在做家务的过程中,开始喋喋不休,抱怨不停:"杰端,门前的草长了。还有啊,卧室门的门把手掉了。嗯,后面窗户还是卡住的。你什么时候才调电视天线啊?还有……还有这个……还有那个……"

接下来,杰端开始不停地被要求解决问题,便只好对安迪说"把它交给我吧"或"我会考虑解决的"。这时的他毫无表情,开始默默地考虑问题。

生活中,男人和女人之间经常会上演这一幕:女人在旁边唠叨个不停,而男人则沉默不语地在心中思虑着解决问题。也就是说,在沟通方面,女人靠"唠叨",而男人则靠"自言自语"。

对于这种现象,相关心理学家指出,男性的大脑是高度区域化的,按区域来分类和储存信息。在度过紧张忙碌的一天之后，男性的大脑信息会分类存档，所以，在沟通中，男人在大脑中"说话"。而女性大脑并不以这种方式存储信息，所有问题便会在大脑中不断地涌现，女人从脑中排除问题的唯一方法是把问题说出来，她们的目的并不是要真正地解决问题，而是将问题从脑海中清理出去。

也正是因为这个原因，男人常把电话看作将信息传递给别人的沟通工具，注重实际问题的解决；而女人则把电话当作联系情感的纽带，注重情感的宣泄。

就如上述事例中的杰端一样，男人被女人要求解决问题时会经常说："把它交给我吧"，或"我会考虑解决的"。于是，他便会毫无表情、默默地考虑问题。只有当他找到答案，才会说话或高兴地对女人诉说。男人在大脑中"说话"，因为这不需要口头表达能力，而女人则用口头表达能力来沟通。当一个男人遥望天空发呆时，大脑扫描显示他正在大脑中"自言自语"，女人看到会以为男人不开心，就会尽力和他说话，给他找些事做，而男人则常会因为女人打断他的思考而生气。这也是为什么男人讨厌"唠叨女"的心理原因。

如果男人和男人相处时，他们能长时间坐在一起仅有只言片语也不觉得别扭。而女人与女人在一起则好似有说不完的话。对于女人来说，女人要想和男人待在一起相安无事，那就要学会聆听，少言语。

此外，男人认为抱怨意味着"必须找一个解决的方法"，而对女性而言，在多数情况下，交流与其说是为了获得信息，倒不如说是为了寻求感情上的支持和安慰。妻子向丈夫抱怨自己的不足之处，并不是真的想改变它，而是想向男人剖白自己，而得到些许的安慰，那样就会显得自己在男人心目中魅力十足，从而获得愉悦感。

由此可见，男人与女人的表达方式是不同的。两者要和谐相处，男人该将女人的琐碎看作她们兴致很高，与自己亲密的表示。而女人该理解男人谈话主要是用来引起众人的注意和钦佩的爱好。

- **心理导读**

　　女人唠叨，其实是希望被唠叨者感到内疚，进而激发他展开积极的行动。她们总希望能促使他采取行动，就算无法让他了解自己，至少也能让男人不要再继续某种行为了。女人知道自己爱唠叨，可并不表示她们觉得唠叨有趣，通常她们之所以唠叨，是因为不想再让某些事情发生。

　　对于男人来说，女人的"碎碎念"是频繁、迂回又消极地提醒他哪些事没有做，或者提醒他的缺点。为此，男人会十分地反感，于是，他们便会自觉地建立起心理围墙，这种围墙种类有：报纸、电脑、家务、木讷的脸、失忆、装聋作哑，以及电视遥控器。要知道，没有一个男人喜欢常挨骂，喜欢老有罪恶感的感觉。所以说，女人的唠叨是情感的最有力的"摧毁者"。

03. 女人沟通靠"感觉"，男人沟通靠"直说"

◆ 心理探秘：

　　☆ 男人要先沟通，才有好的感觉；女人要先有好的感觉，才愿意畅快沟通。

　　☆ 男人常把女人的不满和抱怨当成"故障报修"来排除，女人则常把男人的不满和抱怨当成"移情别恋"的象征。

　　☆ 恋人或夫妻间沟通最大的障碍就在于"心理语言不同"，但又不肯迁就对方的语言，结果便是连沟通的欲望都没有了。

　　一对夫妻在驾车行驶，丈夫很兴奋地哼着歌，妻子也心情舒畅。一会儿，妻子问："你想停下来喝点儿什么吗？"

　　丈夫则实话实说："这上路才一会儿，不想喝什么！"于是，车向前继续行驶。妻子听罢这话,感到十分生气,心想:"就是想关心一下你,至于把话说得这么硬吗?"丈夫看到妻子的脸一下子变得阴沉,也很生气且纳闷:"真是莫名其妙,我又哪里得罪你了?"

上述中的一幕,其实总在现实中上演。很多时候,女人沟通的目的是希望男人理解自己内心的感觉。比如上述事例中的妻子,她建议丈夫"你想停下来喝点什么吗",其实是在表达自己对丈夫疼爱的感觉,而丈夫则不理解,直接说出内心的愿望:不想喝!于是,矛盾便产生了。其实,夫妻间的诸多矛盾和冲突,皆源于其沟通的"心理语言"的不同:女人沟通靠"感觉",男人沟通靠"直说"。

生活中,许多女人总在幻想:"如果男人们也能主动敞开心扉,与自己谈论一下他们的内心感受,那么婚姻将能避免多少矛盾啊!"

可现实却总是和女人们的梦想背道而驰,因为男人们听到女人的这句话:"亲爱的,我想我们间的一些问题,得好好谈谈了。"男人则会说:"说吧,什么问题?"这一句很实际的话,则会激起女人的怒火。对于女人来说,她们想表达的其实是自己内心的某种感觉,而非具体的一件事。对男人来说,这话本身不夹带任何的个人情绪,只是为了想尽快地解决问题。为此,他们彻夜长谈的结果,便是会出现这样的糟糕状态:男人眉头紧锁,或闷头抽烟,只字不吐;而女人则蜷缩在沙发的一角,噙泪怒吼:"你一点儿也不理解我!"

其实,生活中,这样的事例屡见不鲜:

梅子在丈夫面前试衣服时,心中正在为自己的体重变化而紧张。她问:"我看起来怎样?"语气明显很不安。可这种不安的感觉在丈夫听来却是妻子在担心他的"支付能力"问题,因此想到被怀疑的紧张。

为了证实自己的能力,丈夫便反问:"这件衣服多少钱?"梅子听了深感侮辱,原来自己在丈夫眼里连一件衣服都不值,当晚便拒绝与他亲近。结果,妻子的冷淡继续加重丈夫的羞愧。于是,他便拒绝周末一起去看望梅子的父母。

在沟通的问题上,男人通常会认为,有不满就该痛快地说出来,对方才能知道,不必猜来猜去的;而如果不把不满和抱怨说出来,对方便无从改善,所以表达不满是为了点醒对方、解决问题,是一种善意沟通的桥梁。而女人总不习惯用清晰明白的言语来表达情绪,女人认为,如果男人真的在乎,就不会一点都察觉不出来女人的不满情绪,即便没说出来也应该知道;但是如何男人不够真心,说出来有可能就会有危机感。

男人总把女人的抱怨当作对自己的"不满",想当然地以为,只要把这些缺点改掉,就可以缓和夫妻感情,解决夫妻矛盾;女人则会把男人的抱怨看成"不再爱我"的象征,然后便开始怀疑自己是否"魅力不再",或者怀疑对方是否有了新欢,于是,她们经常通过去进行面部护理,或者改变形象以引起男人的注意。

为此,身为女人,要想在婚姻和爱情中顺畅地与男人沟通,减少矛盾或冲突,就在了解男女沟通方法不同的基础上,学会与男人沟通的方法。

> **· 心理导读**
>
> 男人和女人在感情世界的行为模式天生就是不同的。当男人在婚后将热情冷却、由浪漫转为理性生活的同时,女人却才开始打开心门准备享受浪漫……
>
> 男人习惯有什么就直接说出来,往往是为了寻求解决问题之道;女人总是习惯有什么不满就发泄出来,往往是为了不想破坏感觉与关系,多半会先采取容忍的态度。为此,女人总爱生闷气,却让男人感到莫名其妙。

04. 男人和女人的"分手理由"各不相同

心理探秘：

☆ 男人离开女人，往往是因为自己无法满足女人的物质需求；女人离开男人，往往是因为男人不足够爱她。

☆ 男人大都喜欢那些能鼓励他、赞美他、认同他和崇拜他的女人；女人则多会对那些一直呵护她的男人死心塌地。

☆ 在爱情中，男人最终追求的是认同感，女人最终追求的则是安全感。在男人心中，再美丽的女人也比不上夸赞他的女人；在女人心里，再甜蜜的爱情也比不得与爱的人地久天长。

女人在向男人提出分手时，常会哭丧着脸这样说："我觉得你根本不在乎我，我们还是分手吧！"

男人在与女人分手时，常会很理智且严肃地这样说："我觉得我无能力给你幸福，或者我觉得自己配不上你，我们还是分手吧！"

从这些话中可以明显看出，男人和女人情感破裂，其理由是各不相同的。女人向男人提出分手，往往是出于爱情方面的考虑；而男人向女人提出分手，往往是因为能力方面的欠缺。这主要是男人和女人不同的心理特点造成的。

男人的狩猎本能决定了他的本职责任是向一个女人提供她所需要的东西，并以此来证明他的成功。一个男人如果能让女人欣赏他的努力，对他所提供的物质条件感到满足，那么，他也会由此感到满足；相反，如果一个男人不能让女人觉得幸福，他就会产生失败感和挫败感，会活在痛苦和沮丧之中。所以，当一个男人对女人说"我无能力让你幸福"

时,那将是一个充足的分手理由。

而很多情况下,女人向男人提出分手,不是因为她们不满足于男人所提供的物质条件,而是因为他们感情不和。在爱情中,女人多注重自我的感觉,她们最想从男人身上得到的是甜蜜、浪漫和交流的畅快感。如果一个男人无法让她体验到"爱"的感觉,那么,她们便会毫不犹豫地提出分手。

鉴于这样的心理特点,在情场上,女人最讨厌的就是那些不在乎她,不能给她呵护,内在的感情得不到满足的男人。而男人向来都不会喜欢甚至讨厌那些对他们能力持怀疑态度,经常埋怨他们且不懂得赞美和欣赏他们的女人,而喜欢那些能够仰视他,认同他,并崇拜他的女人。

所以,对于女人来说,要想得到男人的心,就要先学会认同男人,不要做有损男人尊严的事。比如,切勿在男人面前去嘉许另一位男士的成就;不要指责和批评男人,让其产生挫败感;不要对他的成就持否定态度;不要对他们的"浪漫行为"加以贬斥……你如果总在男人面前摆出一副"高高在上"的姿态,只会让男人远离你!

雅丽出身于名门之家,家境阔绰,人长得漂亮,事业有成,老公张波只是个普通的小职员。在她的潜意识中,总是认为张波娶了自己是"癞蛤蟆吃上了天鹅肉",于是平时总会像高贵的公主一样去支使老公。然而,最近她却总是一副无精打采的样子,原因是张波竟然有了外遇。

如果第三者的条件很好,她也许会自叹不如。可偏偏那个第三者既不漂亮,学历又不高,更没有事业,唯一值得称道的是,那个女人很聪明,很会赞美男人。以前张波不敢尝试的事情,她总是给予精神上的鼓励和物质上的支持。三个月后,张波的心就被这个女人牢牢地吸住了。于是,他就向雅丽提出了离婚,理由是,雅丽本人太过优秀,自己无能力给她带来她想要的幸福。这下雅丽彻底傻眼了,她总认为,自己各方面那么优秀,只有自己"开除"老公的份儿,却没有想到偏偏却"输"

给一个比自己"差"那么多的女人,她根本无法接受这样的事实……

由此可见,太过强势的女人,很容易让男人产生挫败感,也容易失去爱。而那些能让男人产生认同感的女人,反而能牢牢地抓住男人的心。

> • 心理导读
>
> 女人一生最爱的是"爱",它最能给女人带来"安全感"。所以,女人往往会对那些无法满足她爱的男人提出分手。
>
> 苏岑说:"女人一生都逃不开'安全感'。20岁时,牵一个帅到一塌糊涂的男人的手,是种尊严上的安全感;30岁时,为一个多金又多情的男人做妻,是物质上的安全感;40岁时,喝一杯老公递过来的温开水,那是种心理上的安全感……"

 05. 女人注重"感觉",男人在乎"关系"

♦ 心理探秘:

☆ 能让男人记挂一生、念念不忘的,该是那种能走近男人生活,而不走进男人生活的女人。

☆ 在爱情中,女人注重"感觉",男人在乎"关系"的确立。

☆ 男人的浪漫始于一见钟情,止于互定终身;女人的忠贞始于互定终身,终于心灰意冷。

男人问到女人:"你喜欢什么样的男人?"

通常女人第一句的回答:"……至少……得有'感觉'吧。"

女人问到男人:为何追我的时候你总是送花给我,现在却没有了呢?

男人的回答是:"你看过渔夫把鱼钓上来以后还喂它鱼饵吗?"

可见，在恋爱中，男人更在乎"关系"，而女人则更注重"感觉"。就是说，男人追求女人的目的在于"确定关系"，在追求的过程中，男人将女人放在第一位，他们会表现出自己最好的一面，以求得芳心。但是，一旦关系稳定，男人追求的活动便会减缓，甚至停止，顿时从高峰跌到谷底。

女人常会抱怨："男人，是不是得到女人便会厌倦？""结婚前，他把我当公主，结婚后，他一点也不把我当回事。""没得到我之前，恨不得跟我做连体人；得到我后，不耐烦得要一脚把我踢开！"……这些现象皆因男人更注重"关系"的深层心理原因。基于这样的心理原因，苏岑认为，要做一个聪明的女人，就要懂得延长男人的等待期，不要急于与他确立"关系"，这是获得男人长期宠爱的重要方法。

与男人不同的是，恋爱中，女人愿意接受男人的追求，是因为"感觉"良好，而唯有持续良好的感觉，女人才可能决定关系。一旦好的感觉不再，就会想方设法终止"关系"。为此，女人对爱情或婚姻的忠贞始于互定终身，止于心灰意冷。

基于这样的心理倾向，男人的危机意识源于"关系"的动摇，这就是为什么男人最忌讳的是女人的背叛"关系"，一旦他认为自己的女人在背叛他，心中的怒火便会让他丧失平日的理智；女人的危机意识则源于"地位"的降低，这也就是为什么女人最在乎的是自己不是另一半的"最爱"，一旦她认为有别人比她更值得老公或男友的注意与关心，再文静的小女人也会火冒三丈，想终止婚姻。

对于男人来说，因为他们更注重"关系"，所以，一旦他有"出轨"的举动，家中的妻子只要让男人的面子挂得住，便有可能把男人拉回来；对于女人来说，因为更注重"感觉"，一旦从丈夫那里得不到爱的感觉，便很容易会通过"出轨"以寻求精神上的寄托。一个女人一旦有"出轨"的举动，便很难再与丈夫重修旧好。

电影《密爱》描述了一位平凡的家庭主妇在丈夫出轨打击下陷入婚外恋而无法自拔的故事。妻子美京与丈夫孝京结婚 8 年，有一个可爱的女儿秀珍。她把全部的精力都放在丈夫身上,她觉得这样的生活很快乐。但一天晚上,一个红衣女人突然带着啤酒上门拜访。这个与丈夫孝京有染的女人喝醉之后,诉说了她与孝京的关系。

美京对丈夫的不忠行为,感到痛苦万分。丈夫为了安慰美京,便决定举家迁到乡下去居住,也断绝了与情人的往来。而这些丝毫都不能让美京感到开心。在痛苦时,她遇到了崔仁圭,便做出了背叛丈夫的行为。从此之后,她深陷其中无法自拔。最终被丈夫发现后,她毅然选择了离婚。

这给我们以深刻的启示:在恋爱或婚姻中,男人最在乎的是"关系"的确立,而"感觉"则是让女人保持忠贞的原动力。

有句话说,男人用眼睛恋爱,女人用耳朵恋爱。这话说得一点也不假。女人喜欢听男人的甜言蜜语,因为它们能让她获得美好的感觉。所以,很多女人总是愿意向玫瑰和甜言蜜语低头。她们不愿意相信爱情就是在自己生病时温暖的守候,是失落时一句悉心的安慰,是口渴时主动递上的一杯热茶……要知道,与富足的生活和浪漫的行为相比,女人更需要的是一种稳固和温暖的情感。所以,女人在选择爱情的时候,一定要擦亮你的眼睛,别为一时的迷失付出沉重的代价。

- **心理导读**

  要做一个聪明的女人,一定要懂得,爱情是实实在在的温暖,有些甜言蜜语和玫瑰固然浪漫,但却并不代表爱情。

  对女人来说,真正的爱情给人的是一种温暖,就是夜晚家中亮着的那盏灯,就是感冒时递到手中的那粒药,就是烦恼时轻抚肩头的那只手,就是伤心时靠过来的那个肩膀……爱情的火焰,不可能一直轰轰烈烈,否则,迟早会燃尽。只有柔柔地亮着,暖暖地照着,才能相守一生。

06. 女人在感性后理性，男人在理性后感性

❤ 心理探秘：

☆ 男人表面上看起来成熟稳重，做事理智，但是经历过一场恋爱之后却变得容易感伤；女人则在恋爱的时候全情投入，几近失去理智，但是在恋情结束之后却能够变得分外冷静。

☆ 人是做不到绝对感性或者绝对理性的，大多数人都会在某一个时间变得感性，在另一种场合便变得理性。"酒后吐真言"便是一个很好的例子。在恋爱和婚姻之中，男人往往先理性，然后才变得感性，而女人则往往恰恰相反。

一位心理学家曾这样调侃男人和女人在恋爱中的法则：

婚前，男人等女人。婚后，换了女人等男人。

女人需要的男人，可以不懂她，但要会哄她。

男人需要的女人，可以不爱他，但一定要懂他。

男人在恋爱前，总是很清楚自己要找什么样的女人，而在结婚后，往往变得很茫然。

女人在恋爱中总是沉浸在甜蜜之中，但在失恋后才看清真相地哭诉："当时真是鬼迷心窍地看上了他，明知道他很花心，但还是情不自禁地被他的潇洒风度吸引了！"

这些都说明，在恋爱过程中理智与否这个问题上，男人和女人的心理是不一样的。一个男人在追求心仪的女子的时候，不管表现得如何狂热，一般来说，在内心深处还是会有着自己的理智判断。他们会判断这个女子是否值得自己去爱，会判断这份恋情是否能够有圆满的结局，会判断自己追求的方式是否合适，会预测对方会有什么样的反应。在追求的恋爱过程之中,男人会感觉自己在进行一场战役,而自己就是这场战役的指挥官,必须要用最合适的方式达成目的。相对而言,女子一旦坠入爱河,则会变得患得患失,不知所措,爱得越深,便会越不理智。她们会为了爱人的一个生气的表情而心慌失眠,会为了爱人的一个微笑而欢呼雀跃。

但是,在恋爱稳定或者结束之后,男人和女人的反应则整个"倒"了过来。在恋爱稳定或结束之后,男人便会变得更加地感性,更加地"真性情",时而会显示出小孩子的一面而毫不掩饰,时而会因为一点小事生气而毫不隐忍。这个时候的女人反倒会变得更加理智,她们会用自己的理智去仔细思考,用自己的方式去疼爱自己的男人,去守卫爱情。那么,为什么会出现这种情况呢?

男人的心理是拒绝失败的。所以,在恋爱开始的时候,他们不允许自己失败,也不会允许自己有"失态"的地方,任何过分的、计划之外的感性流露都会让自己失败,都应该被拒绝。但是,当恋爱修成正果或者无疾而终的时候,任何感性的流露都不会再对爱情的结果产生影响了,在如此"安全"的环境下,男人才会把自己的感情释放出来。正是这个原因,所以男人才经常会在做事的时候认真专注,但是在事情结束之后充满感慨。而女人总是会先经历,然后再感悟。女人会全身心投入感情之中,感受这其中分分秒秒的快乐或者悲伤,把自己的情绪完全释放。然后,等到结果尘埃落定之后,女人才会开始总结自己所有的经历和感触,思考自己所有的得失,最终作出理智的结论。也正是这个原因,所以女人往往要在受伤之后才会变得更加冷静而成熟,对这个世界才会认识得更清楚。

三个月之前,张先生和王小姐举行了一场浪漫的婚礼。结婚之前,张先生是大家眼中的好男人,他成熟稳重,做事理智,待人温文尔雅。而且,张先生对王小姐非常体贴入微,会在每天早上的时候为她买早餐,会记得她喜欢的每一种美食,这让大家都羡慕王小姐找到了一个如

此优秀的男友。

但是结婚之后,张先生却渐渐变得不再那么"稳重",他会在早上的时候赖在床上不肯起来,像一个孩子一样让王小姐拉起来;在想吃某一种东西的时候,就一定要吃到,如果吃不到就会自己躲在角落里生闷气,如果这个时候王小姐也生气了,他也不会去像以前一样哄着王小姐开心。以前的时候,每个月的14号他都会为王小姐买上一朵玫瑰花,但是现在他经常忘记这件事,反倒是经常在家里先躲起来,等到王小姐找不到他的时候,再忽然跳出来,抱着王小姐哈哈大笑,傻傻地大喊:"老婆,我爱你。"

王小姐是家里的独生女,在结婚之前,就已经集万千宠爱于一身。那时候,她会任性地故意提出一些过分的要求,然后看着张先生宽容地满足自己的要求;会偶尔耍耍小脾气,像个小女孩子一样让张先生背着自己走。但是,结婚之后,她反而变得成熟而稳重,能够理解张先生的各种怪脾气,能够迁就张先生的各种要求。她曾经不无感慨地说:"都怪当初被他哄到手了,现在我要用一辈子的爱和迁就偿债了。"

先理性,男人才能够让女人爱上自己;后感性,才证明男人的爱真挚而长久。同样,先感性,女人才会被感动,才会心动;后理性,女人才能更好地守护和经营自己的感情。其实,不管是先理智,还是先感性,两个人只要相爱,只要共同的目标一致,那么其他的并不重要。不管是谁先迁就谁,谁先被谁感动,只要相爱,就比什么都重要。

> **· 心理导读**
>
> 一般来说,男人都比女人更理智一些。但是,男人在理性之后的感性往往更加地珍贵,女人感性之余的理性也往往更有必要。不论感性还是理性,身处爱情之中的人只需要记住一点就足够——永远不要伤害你爱的人。

07. 女人视婚姻为让予权利，男人视婚姻为接受义务

心理探秘：

☆ 男人用"忠贞不贰"来表达爱，用"供养"来延续关系。女人则是以为爱牺牲来表达爱，靠的是感动来灌溉感觉。

☆ 苏岑说："婚姻的起初是一个女人对一个男人痴恋；一个男人对一个女人缠绵。婚姻的后来是一个女人对一个男人追踪，一个男人对一个女人反追踪。"

☆ 很多人的婚姻其实包含了多种元素：起初，是一部言情剧，男人的帅，女人的俏，但往往眼泪成河，不动人不罢休；后来是一部惊险跌宕的"悬疑剧"，女人猜疑，男人厌烦；再后来是一部老年剧，男的邋遢，女的迟钝，但相互搀扶的细致感人至深。

妻子张欣在街上看中了一条裙子，要求丈夫李翔一起去买。李翔推托说自己要加班挣钱，所以，把信用卡给张欣，让她自己去买。为此，张欣心里很不舒服，但看到李翔忙碌的样子，也只好自己去买了。

回家后，张欣满怀欣喜地穿上一件新衣服给李翔看，李翔却呆呆地说："这件衣服不太适合你，你妹妹穿上应该更好看一些。"说者无心，听者却有意。因为一句话，张欣心中顿时翻江倒海、联想起伏，认为丈夫已经开始嫌弃自己了。于是她好几天对丈夫不理不睬，而且还时不时找碴，末了还大哭大闹，而李翔根本不知是何缘故。

婚后，男女经常因为与上述类似的事情发生冲突和矛盾，皆是因为男人和女人对待婚姻不同的心理倾向造成的。一般情况下，男人决定结婚，便意味着要承担责任，从今以后将照顾和负责女人一辈子；而女人决定结婚，则意味着要用钥匙将自己的心门之锁打开，并将之交到男人手上，意味着完全地从情感上接纳男人的感情。即为：男人视婚姻为接

受义务，女人视婚姻为让予权利。

正是基于以上的心理倾向，婚后，在男人的意识中，就该时时以事业为重，并挣钱养家，负担起对女人的责任和义务。于是，这个时候，男人则会变得刚毅、精力充沛、有意志力，否则，就会觉得自己对不起女人，心理上会产生挫败感和失落感。而女人则会认为一旦和男人结了婚就该对男人和家庭忠贞不贰，但是如果发现男人辜负了自己的"让予权利"，即发现男人对自己的情感有变时，便会变得敏感、多疑。就像开头事例中的张欣一般，丈夫的一句无心的话，便会引发她的疑虑，让她变得忧心忡忡。

曼文是优秀的女孩，各个方面都好，唯一让人无法忍受的就是她的疑心太重，经常莫名其妙地猜疑她的丈夫。

某天晚上，老公与单位的同事聚会到很晚，曼文则会突然打电话气呼呼地说："气死我了，你那么闹哄哄的，是不是和别的女人在一起啊……"丈夫知道，这又是她在瞎想了。她一方面只是想知道自己在背着她做什么事情，另一方面是知道她在自己心中的位置。所以，电话中，丈夫用饱满、响亮的声音故意说："大美女，怎么又生气了，你那么完美，我怎么会和其他女人在一起呢！"

她就大发脾气，说他一定在背着自己做什么坏事情，还说如果不"老实"交代，就要分手，弄得丈夫很是气愤。

有时候，丈夫会与女同事因为工作原因发个短信，曼文看到就会不依不饶，说他们之间肯定有"私情"；在路上与女性朋友打个招呼，曼文就会问东问西……这让丈夫觉得自己的生活到处充满了"危机"，每天都提心吊胆的，最后终于向她提出了离婚。

生活中，每个女人都会犯"疑心病"。作为女人，一方面要信任男人，另一方面又不能够完全地相信男人，在若即若离之间，难以把握。这是一种正常的心理现象。但是，如果像曼文那样就有点过火了。这样的女人，经常为了男人的一点小"问题"而吃不香，睡不着，血压升高,脾气变坏,为一个短信大动干戈,这会让男人慢慢地对其产生厌烦,最终慢慢地离开!所以,身为女人一定要懂得:猜疑,是情感的"毒瘤",它只会让男人疏远你。而信任,则是守住身边男人的重要方法之一。

> • 心理导读
>
> 　　身为女人要明白:爱情或者婚姻只是你的一部分,而不是你的全部。当你的男人让你产生怀疑了,请不要大闹大吵,这样有失你的优雅。如果你真的发现你的男人有第三者,你的一些蛮横的行为只会将你的男人推给别人。一定要淡定,利用有限的时间充实自己,做一个优雅的女人,才能将他拉回到你的身边。

08. 女人交谈是为了建立联系,男人交谈是为了强调位置

♦ 心理探秘:

☆ 心理学家德博拉·泰南认为:男人通过交谈来强调自己的社会位置,女人通过交谈来建立联系。这是男人和女人沟通中最明显的差异。

☆ 婚恋过程中,男人总喜欢以主导者自居,总是希望女人能配合他的步伐。女人总是纠结于男人的不肯"承诺",听不够的是男人对未来的许诺。

一位心理学家曾向一家咖啡馆中的男人和女人提出了同一个问题:"您为什么喝咖啡,而不喝茶呢?"

多数女人则会回答:"喝咖啡有什么不好吗?"

多数男人则都有类似的回答:"咖啡更能体现我的品位。"

对于女人的回答"喝咖啡有什么不好吗?"可以看出,女人在沟通中,很在乎自己在别人心中的形象,而男人的回答则直接彰显自己的品

位,更强调自己的社会地位。对此,心理学家德博拉·泰南认为:男人通过交谈来强调自己的社会位置,女人通过交谈来建立联系。这是男人和女人沟通中最明显的差异。

当然,这也是因为男女人的思维方式不同造成的。女人的思维世界充满了感觉、情感、交流和语言,所以,她们的沟通和交谈,更注重建立联系。而男人的思维世界则充满了理性、智力、能力等,所以,他们的沟通和交谈,则更注重强调自己的社会位置。

基于这样的心理,在恋爱中,女人总是发现,男友总爱给自己提建议,且爱给她定规则,在事情面前总爱起主导作用。男人的交谈,相当于一种争取地位的途径,他总会进一步地提出要求,以获得自己在这段"关系"上的主动权。同时,男人也会发现:女人总爱反反复复地谈论她自己,且反反复复地强迫他认真倾听,目的是想通过沟通来建立一种和谐的关系。也就是说,女人的交谈,相当于一种人际谈判,在从这个谈判的过程中,女人最终希望获得对方的承诺。

在恋爱中,女人总爱让男人说"我爱你"或其他的承诺,而男人则往往不愿意说,这也是基于男女交谈的不同心理。

女人凭自己的感觉就知道,她是处于依恋阶段还是坠入爱河,而一个男人则不能完全确定什么是爱情,他可能分不清欲望、迷恋和爱,他所知道的只是不能放弃这个女孩,甚至他们还会怀疑:这也许就是自己想象的爱情。在这种关系维持几年后,男人才认识到自己是否在恋爱。而女人则知道爱情是否存在,所以,多数情况下,男人都是承诺的"恐惧者",但当一个男人最终跨过那条线对她说"我爱你"时,他甚至想在每个地方都告诉每一个人。

女人的交谈是为了建立联系,男人的交谈则是为了强调位置,鉴于这样的心理,在现实生活中,女人总是要比男人更善于交流,她们常常在组织中扮演润滑油的角色。所以说,在任何交际场合,沟通和交流往往少不了女性。可以说,女人是天生的"交际家"。当然,这也是有

"理论"支持的。在原始社会,男人主要负责打猎,女人则在家里负责整个家庭的膳食。男人的主要工作是如何征服自然,获得更多的食物;而女人的主要任务就是在食物有限的情况下,公平地分给每个家庭成员。在分食的过程中,必然会产生这样或那样的矛盾,而处理好这些矛盾,维护家庭安定团结就当仁不让地成了女人的专利。久而久之,在女人的基因中就"注入"了交流的特长,且由此一直延续至今。

生活中,男人总是嫌女人啰唆,其原因是他们不理解女人只是想通过这种方式与他们建立联系。很多时候,女人们抱怨并不是为寻求问题的答案,而是期望通过这种方式"建立联系"。男人的习惯思维是在交谈中维护自己的地位。当面对女人不断的抱怨而又无法找到有效的解决方法时,男人就会觉得自己的地位受到了威胁,让自己难堪,进而产生抗拒心理。这也是为什么男人总是讨厌那些说话盛气凌人的女人的主要原因。当然,这也给女人以这样的启示:在与异性交流中,如果能放下那种"凌驾于人之上的企图",就很容易获得男人的青睐。生活中如此,工作中亦是如此。

对于男女交谈差异的分析,也给女人以这样的启示:"异性缘"是可以锻炼出来的,无论如何,在交流过程中,多站在对方的角度思考一下,就容易赢得对方的心。

> **· 心理导读**
>
> 对男人和女人来说,家庭沟通也有着不同的含义。在男人眼里,家庭是一个不用刻意表现自己,可以自由自在地清静一会儿的地方;在女人眼里,家庭则是一个能够自由说话的地方,她们可以畅所欲言,不用担心别人对自己的看法。因此在家庭生活中,出现女人话多、男人话少的常见现象。由此女人总以为男人对她们不重视,而男人以为女人啰嗦,双方的误解因此不断出现。

09. 女人和男人的"选择"各不相同

心理探秘：

☆ 在感官方面，男女在触觉、嗅觉和痛觉的灵敏性方面不相上下，对声音的辨别、定位以及颜色色调的知觉上女性优于男性，而男性在视觉上则比女性灵敏。

☆ 男人选择情爱，女人选择爱情：情爱不仅仅包括爱情，还包括其他以"爱"字打头或垫底的词汇，所以，男人都有"喜新不厌旧"的习性。而女人则相对专一许多，但专一有专一的"坏处"，一旦"爱"已远逝，那么她对男人的"情"就不复存在了。这对男人也是致命的打击。

☆ 在记忆方面，女性的机械记忆、短时记忆优于男性，而男性的理解记忆、长时间记忆则优于女性。

男人在酒后经常炫耀的一句话是："我曾经拥有多少多少个女人。"而女人经常炫耀的一句话是："我的老公或男友有多么多么地爱我。"

在异性的选择上，男人以数量来挣得自己的"面子"：看我多有魅力，多有能力！女人则以爱情的质量来挣得，我在男人心目中的分量有多重。除此之外，男人和女人在其他方面的选择上，也是不尽相同的。当然，男女在很多方面的差异，主要源于其思维倾向的不同。心理学家指出，男人和女人，从来到这个世界的那一天起，相互之间就存在着思维方面的差异。只不过，刚出生的"男""女"，是没有心理的性别差异的，有的只是生理意义的性别差异。随着成长，心理差异则渐渐地表现出来，以性别和偏好为最初的形式。比如，大约在 2 岁左右，男女儿童开始表现出对玩具和游戏的不同偏好；4 岁左右，表现得更为明显和稳定。如男孩爱好运动类游戏和汽车等，而女孩则喜欢坐着的游戏，爱扮演家庭成员角色以及喜欢与之相关的玩具等。随着年龄的增长，其认知心理、行为心理、情感心理等方面的差异化越来越大，最终形成选择上的差异。其主要表现为：

1. 男人选择香烟，女人选择口红

香烟和口红都需要付钱，而且要终生付出，但导致最终的结果却不尽相同。不过这两样东西作为性别标志依旧存在。年复一年，代复一代，尽管代价不菲。

2. 男人选择汽车，女人选择房子

汽车是流动性的观赏品，是男人成功的标志。同时，它也是吸引女人注意的首选物品。而房子则是静止的观赏品，多数情况下，女人在里面待的时间要比男人多。这主要是因为，汽车带给男人的是征服世界的感觉，而房子带给女人的则是一种心理上的安全感。

3. 男人选择面子，女人选择实惠

因为面子，男人不喜欢讨价还价；因为面子，男人即便是借钱也会请身边的好哥们儿吃饭。女人却不在乎表面文章，过于讲面子的男人能博得女人一时，却不能博得女人一世。因为在婚后，女人肯定喜欢精打细算过日子，而由此不喜欢出手大方的男人，"男女有别"在这里表现得尤其明显。

4. 男人选择执着，女人选择痴情

男人的执着是针对世界的，女人的痴情却是针对爱情的。所以，那些高唱"爱江山更爱美人"的男人是不够诚实的。对于男人而言，"江山"永远是第一位的，而美人只不过是"江山"背后的附属品。女人的痴情是值得赞美的，也值得同情，把一切希望寄托在爱情上，寄托在男人身上，这样的女人是可悲可叹的。所以，女人的痴情首先应建立在自立、自强的基础上，才能顺手"抓"来自己想要的幸福。

5. 男人选择雄心，女人选择细心

男人选择雄心，女人选择细心，是因为其彼此间不同的心理特点造

成的。男人更注重事业，而女人则因为心思比较细腻，则会表现得比较细心一些。当然，有雄心的男人未必能成就大事；比如因为"好高骛远"，而"长使英雄泪满襟"；细心的女人也未必一辈子碌碌无为，"细水"才能"长流"，而"涓涓细流"终究是会"汇成大海"的。

> · 心理导读
>
> 　　男人选择酒水，女人选择茶水：男人和女人在茶水的选择方面也是不尽相同的。对于男人来说，酒不仅仅是交际工具，同时也是减压阀。男人的压力来自各个方面：家庭的和社会的。男人压力越大，他的酒量也就越大。但是反过来却不一定成立。好酒量的男人不见得是好男人。而女人喝茶则重在姿态，没有压力的情况下，她们自然就有闲情逸致。

Part 1 婚恋心理：男人和女人之间的那些心理"较量"

不懂男人的女人最吃亏：了解男人的隐秘心绪

世界上最难猜透的就是人心，男人说女人的心难猜，女人说男人的心思难懂。生活中，每个女人都希望男人的眼里只有自己，都希望自己能受男人宠爱一生。而要抓牢男人心，单单靠做一手好菜、包揽全部家务是远远不够的。最为重要的是，女人只有真正了解男人潜藏的隐秘心绪，才能"对症下药"，应对自如。

 ### 10. 每个男人都有一个"洞穴"

♦ **心理探秘：**

☆ 每个男人都有一个"心理洞穴"，那是他们的私密之地。排泄压力、反省自我、解决问题、思念某人……统统都在那里得以解决。

☆ 作家曾子航说："对于男人来说，其所谓的'洞穴'，就是他的自我天地。它是精神世界的'隐蔽所'，是他退避与休憩的心灵圣殿。在那里，没有任何事情打扰他。在那里，他将问题反复斟酌与权衡，以尽早获得解决。功夫不负有心人，男人往往在'洞穴'里看到光明，找到出路，他由此如释重负，就像换了一个人。他不再是伴侣眼里的'闷葫芦'，而是有说有笑，容光焕发，充满活力。"

晓丽给学生们上了一天的课，回到家深感疲惫。不过，她很渴望能在老公张明面前诉说一下自己近来的心情和想法。她认为，只有说出来，心里才舒服。但是，她看到张明下班后一直躲在书房里看书，便也不好意思打扰。原来，白天在公司，张明负责的广告创意没被领导认可，心情显得有些沮丧。但是他却想暂时忘记它们，通过看书来获得轻松的感觉。可是，晓丽却想，老公一定有什么不顺心的事，如果他能给自己说说，也许心情就会好许多。于是，她便到张明面前开始喋喋不休，张明听得有些厌烦，便说了句："能让我清静下吗？"书房里的气氛徒然紧张，晓丽的措辞开始显得有些激烈。接下来，张明甩门而去，两人的沟通险些演变为一场争吵！

晓丽最近很是苦闷，总觉得老公慢慢地在漠视她的感受，于是，便起了与要老公离婚的念头。

生活中，有很多女人都会遇到类似于晓丽的问题：总觉得自己身边的男人很冷淡，不爱讲话，也不喜欢和自己交谈，对自己的喋喋不休总是显得很厌烦。多数女人都认为，这是男人不爱自己了，于是，便滋生出了离开男人的想法。其实，问题完全没有你想象的那么严重。

每个男人都有一个"心理洞穴"，那里藏着男人的自尊、私密。当男人感受到有压力的时候，都会将自己孤立起来，躲在自己的洞穴里，专心地解决手边的问题，暂时忘记其他的事和物。这个时候，他会变得冷淡且心不在焉。当你和他说话的时候，他90%以上的精神都在思考自己的问题，此时的他无法给予女人平时所能够给的关心，心里完全被烦恼所占据，无法逃脱。若是他一直因无法解决问题而感到疲惫时，他就会借着一些活动来暂时忘却所有的问题，而此时也是最容易被女人误解和令女人伤心的时候。

对女人来说，恋爱时期和结婚的头几年，通常是探询、揭秘和求同欲望最强烈的阶段。而此时也通常是男人对自己的洞穴的防筑处在"一级战备"的阶段，生闯、硬战的结果只能是两败俱伤。聪明的女人此时通常都会放慢脚步，先心平气和地了解男人，然后再开始曲径探幽。

有个茶餐厅的老板，搞了一项针对男士的有趣活动——剥葱头比赛。哪个男士剥到最后没有流泪可得奖金500元，否则就要向餐厅老板交200元。很多男士都尝试了，没有一个成功，全都泪流满面，也就只好把200元交给老板。

其实，并不是每个男人都忍不住那股辛辣的气息，而是老板深知男人的压力，知道对于一个男人来说，能畅快地哭其实是一种奢望。于是他想到这一招，既帮男人找个借口能畅快地发泄自己的情感，同时又赚到了钱，可谓双赢！

身为女人，要与男人和谐相处，一定要承认并允许男人拥有自己的"洞穴"，因为那是天性。对于男人的私密行为，女人不必去刨根问底，否则，只会引火烧身呢！很多时候，让男人留着他的秘密"洞穴"，不仅是对男人的尊重，更是对自己的保护，同时也是对双方关系的肯定和自信。

女人要学会了解男人的孤独，理解男人"洞穴"里隐藏的秘密……其实，再神秘的男人也有走出"洞穴"的时候。如果一个男人能让你抱着好奇心探究一生，那也会是一段美好的旅程。只有愚蠢的女人才会把美好的旅程变成纠缠不休、你死我活的内耗战。在这一点上，女人是否能从那个茶餐厅老板的身上学点什么？在给男人提供"剥葱头"机会的同时，不会忘记最终目的是赚钱。而女人需要谨记的是，不可为了探询男人的"后花园"而荒芜了自己"前花园"的建设，因为探询别人始终不如开拓自己！

- **心理导读**

　　男人的思维是纵深发展的，像挖洞。男人讲求的是"求异"效果——与众不同、不同凡响。每个男人一生都在挖他的那个"防空洞"。可以说，男人越是有心思洞穴越是深，想了解他也就越难。而男人的安全感来自对洞穴的守护，所以男人爱一个女人，可以带她去任何的地方，但是那个"洞穴"门前可能总是挂着"到此止步"的牌子。对于男人的此种心理，女人要做的就是承认并给予一定的尊重，否则，如果过于干涉或过于想去一探究竟，招来的必将是男人的反感和厌恶。

11. 面子是男人的"精神底线"

💧 心理探秘：

☆ 与老人相处不要忘了他的自尊；与女人相处，不要忘了她的情绪；与男人相处，一定记住不要忘记顾及他的面子。

☆ 男人爱面子，通常是被很强的自尊心所驱使。对男人来说，不触及他的自尊心是一个底线。一旦男人觉得自己没有了面子，就会在大家面前抬不起头来，伤害其自尊心对一个男人是致命的。

☆ 男人不仅自己会顾及自身的面子，同样希望家人和朋友也顾及他的面子。当有了面子上的满足，他会自信满满。

电影《失恋33天》中有这样一句台词：

"黄小仙儿，真不明白吗？我们两个人是一不小心才走到这一步的？你仔细想想，在一起这么多年，每次吵架，都是你把话说绝了，一个脏字都不带，杀伤力却大得让我想去撞墙一了百了。吵完之后，你舒服了，想没想过我的感受？每次都是我自己腆着脸跟狗一样自己找一个台阶下！你永远趾高气扬，站在原地一动不动……"

很明显，黄小仙之所以会失去爱情，最重要原因就是她不懂得维护男友的面子。其实，生活中此类的事情有许多。男人和女人在一起相处时，男人需要细心地呵护女人，女人则需要更加注意在人前给男人留面子。如果一个女人做出让男人失面子的事情，就好像触及了他的"精神底线"。在这样的情况下，男人怎么会不突然"爆发"，怎么还会像以前一样百般地呵护这个女人呢？

俗话说，人活一张脸，树活一张皮。

在社会活动中，面子就好像是男人的一张"精神面具"。男人认为，一个人首先要在世俗社会中保持自己人格的完整性，他们"做人"是为了别人才去"做"一个人为的角色，有点儿扮演的性质。也正如荣格所说的"角色面具"，即便最后为了自己也得先考虑别人的感受。这就好比演员，他的价值基本上要取决于观众对他的评价，观众喜欢他，对他评价好，他就有头有脸，身价百倍；如果他不受欢迎，恶评如潮，他就灰头土脸，搞不好还会被轰下台来。

由此可见，女人给男人面子，就是给男人尊重。给男人面子，就是尊重他的人格。扫他面子，就是侵犯他的尊严。给男人面子，有利于夫妻感情，有助于家庭和睦。记住一点：你给男人面子，男人就会给你全世界。

晓艳和老公已经结婚10年了，依然还是甜甜蜜蜜。老公每次回家都会给她一个大大的拥抱；吃饭时会主动给她夹菜，去外地出差，总会给她带几件心爱的礼物……

这让周围的姐妹都羡慕不已，都说晓艳有福气，嫁了个如此体贴的好老公，而且还再三向她盘问夫妻间的"幸福秘诀"。

晓艳说自己并没有什么秘诀可以传授，只是在生活中很注意给老公留最面子。在她卧室的墙上贴有这样一个字条，上面是她制定的"家规"：第一，历史证明老公永远正确，家里的一切事情都由他做主；第二，万一老公不对，仍参照第一条执行。

后来老公在感动之余，又在"家规"上加了这样一条：夫人享有总裁决权。

由此可见，在生活中，要想成为男人心中的"女王"，首先要学会去尊重他，给他留面子。

给男人留面子，不但要学会在众人面前尊重他，还要经常赞美他、鼓励他。男人在女人面前有两大角色，一是英雄，一是孩子。一方面他们喜欢在女人面前充英雄；另一方面，他们在外面受了委屈，回到家就会像个受伤的孩子。无论他是英雄还是孩子,你都要时刻地赞美他、鼓励他。总赞美他,他就觉得自己是个顶天立地的大男人,就觉得自己很有成就感,很有面子。

一个男人与不同的女人在一起,会变成不同的男人。尊重男人,经常给男人一些表现的机会,男人的责任感、价值感等会得到呈现和认可的机会,你的男人就会变得更"男人"。

> • 心理导读
>
> 　　对于女人来说,要维护男人的面子,不要总提他的"伤心事",不要总拿他的缺点来说事儿。男人在女人面前都爱扮演强者的角色。每个男人都梦想自己是一个天生的成功者。对于曾经的失败或伤心事,他们讳莫如深,如果女人不理解这点,时不时地拿它们来说事儿,反倒会刺激男人,会让他们恼羞成怒。记住:只有赞美的鼓励才能让他们对你死心塌地。

12. "红玫瑰"和"白玫瑰"

♦ 心理探秘:

☆ 在现实的生活中,很多男人心中都有两朵永远开放的"玫瑰":红玫瑰是相濡以沫的妻子,白玫瑰则是有缘无分的情人。红玫瑰是身心疲惫时温情的港湾,白玫瑰是内心深处永难平复的一道伤痕。

☆ 男人都是有欲望和野心的,先天的征服欲和控制欲,让男人觉得得不到的女人,是自己不能够征服的,这严重地激起了男人的征服欲,导致男人觉得"得不到的和已失去的就是最好的"。

桂琴与老公结婚已经三年,两人感情还算好。但最近,她却很是苦闷。原来，在周五的晚上，老公在外面喝醉酒回家后，竟然喊起了一个女人的名字"晓玲"。桂琴当时愣住了，她顿时以为老公在外面有别的女人了，想到此，心中不禁升腾起一股怒火。但是，她还是忍住了。

后来，经过再三盘问，才知道，晓玲是老公大学时候的初恋情人，如今虽然两人已经很多年不联系了。但桂琴的心里还是很不舒服。

其实，许多女人都有类似于桂琴一样的经历：与丈夫结婚多年后，随着时光的流逝、生活归于平淡，枕边的男人时不时地会在梦呓中呼喊另一个女人的名字。那个女人，或许是他至纯至真的初恋，或许是他刻骨铭心的失去，或许是他婚前放弃的另一种选择，或许是他想得而不可得的暗恋。

对此，张爱玲在小说《红玫瑰与白玫瑰》里有一句醒世恒言："也许每一个男子都有过这样的两个女人，至少两个。娶了红玫瑰，久而久之，红的变成墙上的一抹蚊子血，白的还是'床前明月光'；娶了白玫瑰，白的便是衣服上沾的一粒饭黏子，红的却是心口上一颗朱砂痣。"小说里，振保作为一个世俗的男人。他先是抵挡不了老同学的妻子娇蕊的诱惑，后又是随着世俗娶了一个圣洁的妻烟鹂。他逃避娇蕊的热情，欣赏烟鹂的端庄清纯，成婚之后，又觉得自己圣洁的妻子乏味，转而怀念娇蕊的妩媚。

为此，女人也常搞不明白，为什么男人会这样？男人先天的征服欲让他对自己得不到的女人更加地留恋，而对于自己失去的仍然眷恋不已。其实，男人这种表现并不是贪欲，而是心理学中的一种"契可尼效应"。心理学家契可尼通过各种试验发现：一般人对已完成的、已有结果的事情极易忘怀，而对中断了的、未完成的、未达目标的事情却总是记忆犹新。这种现象就称为"契可尼效应"。男人忘不掉自己未得到的和已经中断的"旧爱"，其实是一种正常的心理反应，并非贪婪，所以，对此女人大可不必大惊小怪，随意怀疑男人对自己的爱。

于之衡在大学时代的美好年华中，曾有一段刻骨铭心的初恋。女孩

是班花，清秀、文静、美丽、柔弱，像一朵茉莉花苞。曾经，他们非常相爱，可是毕业之后，经不起现实的捶打，最终还是散了场。

后来他认识了现在的妻，她并不漂亮，但她很善良、温柔、勤快，她单纯地爱着他。一年后，他和她结婚了。妻子对他很好，包揽了所有的家务，把家打理得井井有条。有朋友到他家做客，看着她干净利落、温柔体贴的样子，品尝着她的美味手艺，都羡慕他找到了一个好太太。

可他还是忘不了那个茉莉花一般的女孩，他珍藏起了关于她的每一件东西，他将和她有关的照片收藏起来。照片里的她总是一袭白裙，裙裾在风中翻飞，美得像一个仙子。而他的枕边人，却是平淡不起眼的灰姑娘。每当夜深人静，端详酣睡的枕边人时，他常常有些伤感与不甘涌上心头，他觉得自己并不爱妻。

终于有一次，他和那朵茉莉花重逢了。在这个城市最精致的咖啡厅，于之衡见到了她，她却不再是朵茉莉花，而变成了华贵的牡丹，光彩照人。她嫁给了一个有钱人，生活无忧，但是丈夫婚后渐渐地冷淡了她，她过得并不幸福。

他听着她的诉苦，非常怜悯和心动，几乎动了旧情，但最后埋单的价目让他一下清醒过来。他只是个中学老师，而这一壶咖啡、几盘小点心，一共600元，却花掉了他一个月工资的1/5还多。他担负不起她早已习惯的奢侈豪华，他们已经不在一个世界了。

在《青蛇》里，李碧华也借青蛇之口说道："对于世情，我太明白。每个男人，都希望他生命中有两个女人——白蛇和青蛇。同期地，相间地，点缀他荒芜的命运。只是，当他得到白蛇，她渐渐成了朱门旁惨白的余灰；那青蛇，却是树顶青翠欲滴、爽脆刮辣的嫩叶子。到他得了青蛇，她反是百子柜中闷绿的山草药；而白蛇，抬尽了头方见天际皑皑飘飞、柔情万缕的新雪花。"

这些代表了绝大多数男人在对待爱情和婚姻时的内心活动：爱情永远是那株摘不到的悬崖花，可望而不可即，可想念但不可拥有，而婚姻却是门前那株能结出累累硕果但却平淡稀疏的桃树,不求完美,但求合适。所以男人总是把爱情和婚姻看作并列的,爱就疯狂爱一次,只要曾经拥有,不求天长地久,结婚则另当别论,越长久越好。

女人一直在不断地找寻爱情,并执着于将恋爱升华为婚姻,这就是女人为什么总是能够全心全意地爱着身边人的原因。男人在婚姻中看淡爱情并不代表男人不需要爱情,他们深知生活需要平淡,爱情需要灿烂,所以,对于男人来说,得到即是损失,失去才是长久的刻骨铭心。

• 心理导读

对于男人的前情和旧爱,大度的女人一定要做到:不嫉恨,不诋毁。千万不要让男人过去的感情破坏你当下的幸福。你可以静下心来细想一下:两个人在一起,是多么温暖和幸福。如果你爱对方,就应该珍惜你们当前所拥有的时光。过去已经成为过去了,就算你再计较又有什么意义呢?与其计较他的过去,不如花精力去了解他的现在!

13. 谁是你的"白马王子"

🍁 心理探秘:

☆ 女人总希望自己是男人停泊的港湾。

☆ 男人总爱恋上"养眼"的美女,那种一见倾心的美,足以让男人失魂落魄。

☆ 男人在恋爱时,大都会选择美女。但是,真正能让男人考虑和女人步入婚姻殿堂的,要靠美丽之外的魅力。

晓露与男友在一起已经3年有余,经过了甜蜜而浪漫的热恋期后,接下来,晓露便开始考虑结婚的事。她总是会幻想自己穿上最美丽的婚

纱，和深爱的人一起走过红地毯，从此过上幸福的生活……

一次，晓露与男友正式谈起结婚的事宜，男友却用饱含痛惜的语气说："我很爱你，只是恋爱和婚姻不能混为一谈，我觉得我们还是要慎重地考虑一下！"

晓露听到男友的这番说辞，顿时怒火中烧，心中的美梦顿时破灭了。她很是伤心地想着："男人到底是怎么想的？既然爱我，为什么不愿意和我结婚？难道那些甜言蜜语都是假的，都是用来哄我开心的吗？"

很多女人都会遇到类似于晓露的困惑。男人在恋爱时，可能会被女人迷得神魂颠倒，愿意为她摘星星、摘月亮，时时刻刻把他的"小可人儿"放在心上，如果这样女人就认为这个男人一定会娶自己为妻，那可就大错特错了。这是因为有的男人将恋爱和婚姻看成了两码事儿。

对一些事业心强的男人来说，最终多会选择与自己志同道合的女人进入婚姻。而女人们却往往会因为这样的男人而痛不欲生，她们不明白："为何一个口口声声说爱的人，一转身却把另一个女人抱上了婚礼的花车？为什么他可以为了事业的发展把好几年的感情说放手就放手？"

答案很明白，你只是他恋爱的对象，而不是结婚的对象，你碰到了一个可以把这两者分得很清楚的"极品男人"。既然他已经作出了选择，你也就不必抱着美好的过去念念不忘了。舍不得的结果，只会让你错失更大的幸福。

婚姻对于女人来说，是一生不懈的追求，是人生的一个转折点。但是在对待爱情的时候，女人一定要明白男人的想法。只有明白男人怎么想，你才能知道自己在这段感情中到底扮演了一个什么样的角色，是慰藉无聊空虚的伴儿，还是妻子的最佳人选。

女人要想在感情中不被淘汰出局，就一定要学会识别男人的心思，只有明白男人怎么想，才不至于太过被动。如果他只是想恋有而不想结婚，那么女人就应该重新考虑一下这段恋情还有没有必要坚持下去；如果他真是把你当作未来的太太看待，那么恭喜你，你遇了你的"Mr Right"。

> • 心理导读
>
>   苏岑说："女人不必跟自己较劲，婚姻不是爱情的开始，更不是爱情的果实，那只是恋爱的另一阶段……我们要学会放下婚姻的包袱，女人的一生不只是为婚姻而准备的，那个名叫'男友'的男人未必可保你一生的美满！"
>
>   张小娴说："对男人来说，女人的美丽是资产，而非资本。对女人来说，拥有了美丽，你便多了一份财产，但记住：这绝不是你的全部身家！"

14. 男人大多都有"英雄情结"

♦ 心理探秘：

☆ 男人们最崇拜的其实是自己，因为，在男人们的心目中，他们自己本身就是一个英雄。

☆ 一只傲视群雄的雄狮在得到手下败将顶礼膜拜的同时，也引得很多雌狮趋之若鹜。人类社会也是这样，男人在战场上攻城略地，女人在情场上翘首以待；男人把无数的强敌打翻在地，女人则对凯旋的英雄以身相许。所以，征服欲是绝大多数男人与生俱来的一种雄性激素：战争年代，面对敌人，它让男人勇往直前；和平年代，面对事业，它让男人百折不挠。

女人们发现，男人们总有一些大致相同的爱好：

男人们最喜欢看的书，大多是武侠小说；

男人们最喜欢研究的，往往是世界上最尖端的武器装备；

男人们最喜欢看的电影、电视剧，大多是战争片、动作片；

男人们最喜欢的运动，大多是足球、篮球等竞技类；

男人们最希望变成的就是英雄，比如挽救世界的超人、武艺高强有胆有勇的黄飞鸿，等等。

其实，在内心中，男人最为崇拜的就是自己，因为在男人心中，自己有一种与生俱来的征服本能，他们本身就是一个英雄。

生活中，女人们不明白，为什么男人宁愿彻夜看球并大喊"某某球星好样的"，也不愿意看点温馨逗乐的电视剧；为什么男人热衷于在虚拟的网络游戏里称王称霸，甚至都顾不上吃饭、睡觉；为什么男人会不顾自身安危，看到路上的小偷就立马追了上去……如此种种，其实只是因为男人都有"英雄情结"。

你们看外面广场上的男孩子们，不知疲倦地玩着打仗的游戏，模仿着电视里的大侠，或许，男孩儿在成为男人之前，都曾幻想过成为英雄。在男孩儿的心目中，英雄们做的事可不是一般的人就能够做到的，英雄往往比普通人有本领，英雄什么都不怕。那些坏人，在英雄的手下，只有乖乖讨饶的份儿。这等的神气，谁不想成为一个大英雄呢？

即使男孩儿长大了进入社会，懂得了现实，这种"英雄情结"也不会就这么轻易消退，反而会在男人的心中变成一种永恒的梦。

究竟是什么原因，使男人爱当英雄、爱做当英雄的美梦呢？这要从男人的需要来看。在社会家庭以及两性关系中，女人需要的是被宠爱，男人需要的则是被肯定。男人最看重的是什么？自尊心、被崇拜。英雄自然拥有这些，所以男人都愿意做英雄。

1. "英雄"被赋予了很多美好的意义

对于"英雄"，有一个古典而浪漫的定义：英而雄，英姿勃发而雄壮赳赳，兼具力量感和肆意张扬的男性气息，有着浪漫美好的纯粹人性，更有着最最可贵的高贵品质。人们崇拜英雄，崇拜的缘由是英雄身上具有一种浪漫的理想主义色彩。

无论在什么年代，"英雄"都是一个激动人心的字眼。英雄者，英才与雄杰相融而成，兼融智慧和勇气。英雄令人崇敬、欣赏，被人们广为推崇。

芸芸众生何其多，真正能成为英雄的少之又少。在成为一个英雄的过程中，充满了憧憬与绝望，充满了成功与失败，充满了忠诚与背叛，充满了坚持与动摇，充满了苦难与享乐……只有心志坚定、忍常人不能忍的人才能最终成为英雄，少有男人不喜欢这些优秀的品质。

2. 男人喜欢征服的成就感

自古男人开疆扩土、保卫家园，就是一个征服的过程。古代有秦统一天下，也有楚汉之争、三国鼎立，历代不息不止的就是对于天下的征服。征服，让男人有成就感。

在普通人看来，英雄都是站在高高的山顶上俯视众生，所以男人们都希望自己也能够跃上顶峰。男人的天性使然，他们希望被重视、被崇拜，渴望自己是令所有人仰视和拥戴的，能够拯救世界的。所以男人都希望成为英雄，享受众星捧月般的满足感。

3. 男人常有救赎心理

陈奕迅在《床头灯》中唱道："在电影院看天灾人祸，快毁灭的地球，总会出现英雄。"坐在电影院里，我们看到，当世界陷入危难，人们处于水深火热之中时，超人、蜘蛛侠、钢铁侠、罗宾汉……出现了，他（们）力挽狂澜，以一己之力拯救了世界，挽救了弱小的孩子、老人，使世界恢复了原本的安宁和平。

男人都渴望自己是有力量的，能够保护弱小，拯救苦难。这个世界对于男人的要求也是这样的，在男人年少的时候，大人们就教导他们要坚强勇敢，锄强扶弱。救赎的心理引导他们看见欺凌弱小和不公平的事，就要果断"出手"。

• **心理导读**

男人的英雄情结，让他们对恋爱有个新的理解：追求新鲜感和刺激感。所以，男人容易对充满神秘感的女人产生浓厚的兴趣。但国外心理学家做过调查，男人对女人的新鲜感，最多维持三年。过了三年，男人对女人的爱就会转化成为一种责任感。在这种责任感中，更多的是一种亲人之间相互扶持的感觉，因为婚姻就是靠亲情恩情来维系的。

15. 每个男人都是一个"孩子"

◆ **心理探秘：**

☆ 爱是相互的。当男人想从女人那里得到温情和爱的时候，与其回绝，不如给他，这样才能从他那里得到更多的爱。

☆ 其实很多男人，包括很成功的男人都有其幼稚、脆弱的一面，在某些方面他们酷似孩子。正如一位女士所说："所有的男人都是孩子。只要你了解了这一点，你便了解了男人的一切。"所以女人，偶尔不妨把男人当孩子一样哄一哄，你一定会得到更多的爱。

晓琳和丈夫刚刚结婚，丈夫是搞技术的，又比自己大5岁，所以显得比较成熟、稳重，平时话也不多，多数情况下还显得有些严肃。

有一天晚上，丈夫突然从书房出来，偎依在晓琳肩边，像个孩子似地说："哼，我现在饿了，怎么办呢？"

丈夫冷不防地撒个娇，让晓琳有些不知所措。她惊讶地看着眼前这个"大男人"，感到背脊有些发寒，她搞不明白，平时一向威严的丈夫怎么突然间就变成了一个小孩子！

在生活中，你是否感觉到自己的男人有时候有些孩子气呢？他们会像孩子那样冷不防地向你撒个娇，使个小性子，让你猝不及防地被他的异常表现所"命中"，这样你会在不知所措中感到异常地慌乱或烦躁，甚至可能像晓琳那样背脊发寒。

其实，这都是女人过度紧张的表现，是全然不了解男人的这一"怪癖"造成的。在我们的印象中，男人都应该是"纯爷们"，他们伟岸、坚强，有担当，然而，男人的内心包括成功的男人都有幼稚、脆弱的一面，在某些方面他们会酷似孩子。正如一位女士所说："所有的男人都是孩子。只要你了解了这一点，你便了解了男人的一切。"

那么，男人为何有时候会像孩子呢？他们的思想、性格中有着怎样的不为人知的秘密呢？下面我们向你一一揭开，他们的内心究竟是怎么想的。

在男人的潜意识中，他们很希望自己的女人能够关心自己，特别是在外面奔波劳累了一天后，更希望从爱人那里找到一种强烈的归属感。所以，在晚上，当他们放松地躺在床上，就会不自觉地像个超级宝宝那样，向你撒撒娇，耍个赖，他们希望自己能以一种最为简单的方式让自己高速运转的生活节奏放慢下来，让自己变得无比轻松，甚至无忧无虑。这也是为什么很多男人都要选择一个温柔贤惠的女人为妻，来作为他们事业上坚强后盾和生活中温柔港湾的重要原因。

面对男人的这种解压方式，许多女人都会有一些烦闷和苦恼。但是，如果你能够理解他们，就请别火上浇油了，别在他向你施展孩子本性的时候对他说："别理我，烦着呢！"甚至说："你怎么这么无聊，你是男人，能不能打起精神来。"

要知道，这个时候你的斥责对他来说可是一种加倍的伤害，他不会觉得他的孩子气是软弱，他也不会认为自己撒娇就是无能。其实，他不过是想放松一下，因为第二天醒来，他们又要雷厉风行地开始他们紧张的工作。

所以，面对男人的这种减压方式，聪明的女人应该珍惜这个机会，尝试着去抚慰他的心灵，帮他缓解压力，甚至陪他玩一会儿，让你们一起回到童年那种无忧无虑的生活状态之中。事实上，你在帮他放松的同时，也是在放松自己。如果你能够用心地对待男人的这种"异常反应"，能够把握住男人的孩子气，会让他爱你至极。

绍强比妻子晓丽大5岁，但是在晓丽心中，老公就是个爱撒娇的"小男人"。

一天晚饭后，他们在街上散步，眼前走过一个美女，绍强的眼睛情不自禁就转了过去。见状，晓丽有些生气，丢下老公一个人独自跑开。马上，老公就打来电话："丽丽，求求你别丢下我，我要迷路了。"说话那样子，简直就是个孩子。

晓丽知道，丈夫是在向自己撒娇。听到此，晓丽也有些后悔，毕竟，都累了一天，是出来散心的，因为这点小事生闷气也没什么意思。晓丽就正好顺着他的话找个台阶下，转回去找他。老公一看到晓丽，就紧紧拉着她的手说："我刚才看那个女的长丝袜烂了个洞，还穿着超短裙……"晓丽就呵呵笑起来，这个网上流行的借口他倒是学会了。

"真的，你相信我嘛。"丈夫使劲摇着晓丽的手，低眉顺目地偷偷看晓丽。看着他的样子，晓丽就不忍心再骂他，也以孩子的口吻，并用手刮着他的鼻子说道："好了，别闹啦，我们该回家啦！"

听罢此话，老公便紧紧握住了她的手……

他像个孩子一样给你"闹"，就陪他"闹"个够吧！要知道，当男人向你撒娇的时候，他其实是希望在你身上体会到女人最初始的母性味道，那样会使他劳累的心感觉平静和安逸，尤其是能让他感觉到被爱的时候，他就会体会到你的温情、你的体贴，就会对你爱所不及。如果你真的爱他，那就请把他当作你手中的金苹果那样对待，换个角度，用另一种快乐的心情去面对他孩子般的"稚嫩"。这样，你反而会认为男人的调皮有时候也很可爱。

向你撒娇，其实有时候也是男人对母体的依恋。如果你能够明白这一点，就请你不要在他渴望得到关爱的时候用一句"我忙着呢，别来烦我"来拒绝他，也不要心不在焉地哄他一下后，就开始专注于别的事情。你可以给他一个最深情的拥吻，记住，不是调情的那种热吻，是"轻吻"，让他感觉到被爱的温暖，让他在向你示弱的时候从你那里获得力量，他也会因此而带给你更多的爱与感激。

• **心理导读**

同时，还需要注意的是，作为女人的你，一定要小心，当一个男人把他的孩子气当作致命武器来对待你的时候，你千万不能姑息，否则会让你陷入被动之中，甚至会将你逐步推向爱的底线。永远记住，要你了解男人的孩子气，就是要你明白，在他耍孩子气的时候，你要用理性的心态给予他感性的情感，而不是用感情的付出冲垮掉理性的原则。纵容，永远是不可取的，过分的迁就并不是真正的关爱。

16. 获得尊重是男人最大的情感需求

♦ **心理探秘：**

☆ 男人的内心其实是脆弱的，自尊是他们最敏感的神经。男人都怕被别人瞧不起，怕被人说成没本事。有时候简单的一句话，就能变成一把匕首刺伤男人的心。

☆ 尊严是男人的"命根子"，伤什么也不能伤男人的尊严。在男人的心里，可以没钱，但绝对不可以没有尊严，只有这样男人才有自信，才能在社会上披荆斩棘。对男人而言，女人的尊重是其自尊心的重要来源。外界的评说不过是过眼云烟，男人心目中最柔软的地方是家和妻子。只有女人给予的尊重，才能使男人觉得自己是强大的、被需要的。

　　有一个真实的故事,一对夫妻在一起生活,丈夫竟然十多年都没有对妻子说过一句话。两人闹成这样,就因为妻子在一次吵架中对着丈夫大喊了一句:"你这个垃圾堆里长大的男人。"这句话出口后,便深深地刺伤了男人的自尊心,从此,原本深爱妻子的他不再和妻子说一句话。

　　十几年里,懂事的孩子和年迈的老人想了很多办法让他们和好,但都没有效果。妻子也为这句话后悔不迭,想想当年的争执也不是多大的事儿,要是冷静一些,也就不会说出那样刻薄的话了。

　　这件事听起来有些不可思议,但也充分说明:获得尊重是男人最大的情感需求。男人的自尊心一旦受到了伤害,便很难得以修复。所以,对于女人来说,要想抓牢男人的心,一定要先学会尊重他。

　　生活中,我们经常听到类似这样的话语:"这辈子是指望不上你赚大钱了。凭你现在的能力,能养活这个家就不错了。"这种讽刺丈夫的话是对他自尊心的最大伤害。假如女人没有意识到这一点,而是变本加厉,丈夫定会渐渐地疏远妻子,甚至以分手告终。

　　尊重男人首先要做的就是不要过分地批评他、侮辱他或者嘲笑他。男人拼命在外工作,为的就是得到妻子的尊重。如果你的言语无意间刺伤了丈夫,那么找一个适当机会及时道歉,设法挽救过失,让他知道你的后悔。

　　要知道,在男人失意软弱的时候,更需要关怀和爱。女人要记得永远不要在他失败的时候打击他、嘲讽他,那将让他离你越来越远。不要吝啬你温暖的双手,陪伴他共渡难关,抚慰他受伤的心。

　　同时,作为女人,在生活细节上也要学会尊重男人。很多夫妻结婚以后,那些曾被绚烂的爱情掩盖了的缺点慢慢地浮出了水面。女人这时候不要斤斤计较,要宽容地对待身边的男人。他爱乱扔臭袜子,马桶盖从来不盖,这些无关紧要的小问题,不必费尽心思改造他,或者一天在他耳边唠叨几十遍。俗话说,婚前睁大眼,婚后闭只眼,宽容男人这些无伤大雅的习惯，他才会感到舒适自在，才会愿意回家。妻子不仅要爱对方的优点，也要爱他的缺点，对他少一点批评和挑剔，多一点表扬和鼓励，更不要吝啬付出你的爱。

尊重男人一定要学会尊重男人的朋友。大部分男人都讲义气、重情义，朋友、哥们是男人生活中不可缺少的一部分。朋友是他交的，你诽谤他的朋友就是在诋毁他的眼光。他交什么样的朋友都自有他的道理，只要不太过，多交一些朋友有什么不好呢？聪明的妻子应该想办法融入男人的朋友圈子，并尊重他交朋友的权利。这样，你不仅会多一些朋友，而且有了朋友的调和，你们的婚姻也会更加甜蜜。

尊重男人也要学会征求他的意见和看法。很多女人在家庭大事小事中比较"独裁"，并且始终认为自己的任何决定都是对的，对家庭都是有益的。但是一个完整的家庭不是你一个人组成的，你的丈夫也是这个家的主人，遇到任何事情，都不要不顾丈夫的看法擅自作决定。征求他的意见是一种尊重，把他当作一家之主，凡事都和丈夫商量商量，男人才会觉得在家里有地位、有发言权。只有大家都同意，才会减少矛盾的发生，家庭也会更加和睦。

郑丽娟和老公几十年的婚姻生活，从没红过一次脸，感情深厚，他们的家庭还多次被评为五好家庭。

郑丽娟说："老公从没对我有任何不满，因为他知道，家里大小事务，我都和他商量着办，都会听他的意见。家里添什么大件了，当然要商量；过年过节，拜访老人、亲戚朋友，送什么礼物，都要商量。我们俩各自在外面看到适合对方的衣服之后，一定是一起去看、去试，穿着合适，价格合理，就买回来；觉得价格太贵，我就记住样式和面料，和老公直奔布料市场，扯一块相同的面料，自己画一张衣服样式的示意图，让裁缝依样缝制。我们的生活虽然平淡，但很温馨、很美满。"

商量，体现了你对对方的尊重和信任，让对方明白，你们都是这个家的主人；商量，还能表达你对对方的欣赏和依赖，让他感觉你离不开

他，让他感觉到自身的价值和在你心目中的重要程度。

尊重男人就要学会尊重他的隐私和自由。女人天生敏感，但不必敏感到常常查看丈夫的钱包和手机。丈夫在外有一个"妻管严"的称号很容易被朋友嘲笑、丢面子，这并不值得妻子自豪。夫妻之间更需要相互尊重，女人只有学会善待男人的隐私，尊重男人的隐私，才能真正得到男人的心。

- **心理导读**

  爱情如同一座房子，没有了尊重，就会变得冷冰冰的。女人的尊重对男人来说就是壁炉里的火。尊重更是支撑男人的脊柱。没有尊重，男人就如同没顶的屋子，还怎么为女人遮风挡雨呢？

  婚姻都是平淡的，男人容易厌倦婚姻生活的一成不变，也容易在妻子的唠叨和打击下变成一株仙人球——防备、沉默、疏远。要想和男人葆有甜蜜温馨的婚姻生活，女人要学会在恰当的时候给男人一颗糖，这颗糖就是赞美。

17. 千万不可触碰男人的心理"死穴"

 心理探秘：

☆ 男人的心理其实和女人一样难以捉摸，尽管男人们平时看起来大大咧咧的，不拘小节，但是他们也是有心理"死穴"的，女人不小心一旦触及，便等于置你们的感情于危险的境地。

☆ 爱情是一个磁场，而不是一根绳子，捆着他，不如吸引他。一根绳子会让男人有挣脱的欲望，而一个磁场却能给男人自由和永恒的吸引力。试着改变自己看看，女人可以不漂亮，但是要有女人味。如果没女人味，那得有才智。如果没才智，那起码要有笑容。如果没笑容，至少要善解人意。

百惠和她的丈夫本来都在事业单位上班，后来，百惠去了一家外贸公司，她的能力很快得到了发挥，收入也水涨船高。丈夫的工资却还是和以前一样，没有什么变化，这让百惠有点难以忍受，劝丈夫换工作，他又不肯。

于是，她就开始在亲戚朋友面前数落丈夫工资低。丈夫一气之下，提出与她离婚。百惠说自己只是想激起丈夫的上进心，没有想到会闹到这种地步。

这本身是一件小事，却让百惠和老公的感情陷入危险的境地，确实有些不可思议。当然，事情本身虽小，但百惠却犯了一个致命的错误，那就是触碰到了男人的心理"死穴"。要知道，男人挣钱少，本身就会觉得自卑。如果女人总是挂在嘴边，甚至当众数落他，无疑是在揭他的精神"伤疤"。爱情本身没有高下之分，男人长时间的心理落差只会让他们的关系越走越远。

这也告诉女人，男人也是有心理"死穴"的，是不能触碰的。不要以为你们在一起很多年，是一家人了，你就可以在他面前肆无忌惮地想说什么就说什么，否则，会将你辛苦经营起来的感情毁于一旦。真正聪明的女人，会明白男人的哪些地方是不可触碰的"雷区"，然后会格外注意，如此才能让爱情更为长久。

一般情况下，男人的心理"死穴"主要表现为：

1. 最无法容忍女人的背叛

没有男人愿意被爱人背叛，这绝对是"死穴"中的"死穴"。站在对方的立场想想吧，女人的背叛，会让男人一辈子都无法原谅，这不仅让他觉得很没面子，他的尊严更是划满了口子，甚至"低到了尘埃里"。任何一个男人都不可能轻易原谅背叛过自己的女人。劈腿不好玩，一时的冲动只会带来无尽的伤痛和悔恨。

2. 无法容忍女人批评自己的父母

父母是男人永远的根,是永远的牵挂。或许在你看来他的父母有各种各样的不足,你有各种看不惯,但切记一定不要随便批评甚至侮辱。父母代表了男人的出身,你批评他的父母就是批评他的出身。你不仅仅是伤害了男人的面子,更伤害了他原来家庭的面子。这种做法要不得。聪明女人都知道,维持一个美满和谐的家庭,就一定要把公公婆婆的关系处好,更不要批评老公的父母。

3. 无法容忍女人说他的身体缺陷

男人谁不想拥有高大健美的身材,如果他没有,他自己在心里就已经很自卑了,这时女人再对其身体缺陷揪着不放,可真是让男人没有面子。对一个不足一米七的男人说他"好矮",无异于当面让他下不来台;对一个有罗圈腿的男人说他"腿真难看",顿时会让他觉得比人矮半截;对一个瘦弱的男人说"你一点肌肉都没有,像个林妹妹",肯定会让他羞愤难当。女人要记得,类似的话不要轻易说,男人还是非常介意自己的形象的。

4. 无法忍受女人质疑他的能力

男人最怕的就是自己的一腔热情换来女人的一句"你又不行",哪怕是疑问的语气"你会吗"。如果男人失败了,女人千万不要用嘲讽的口气评价他,那等于是在他的伤口上撒盐。失败了,他心里也不好受,作为妻子就不要再打击他了。他需要的是你的鼓励,而不是你板着脸的教训和埋怨。不如对他温柔一点儿,安慰他"胜败乃兵家常事",用鼓励让他重整旗鼓,恢复自信。

5. 无法忍受女人觉得别人比他能干

家中的线路坏了,你知道楼下的老刘是电工,但是,你千万不要立刻去求助,更不要脱口而出说:"你不会弄,还是找人来修吧!"

男人最讨厌女人拿自己跟别的男人比较,他会觉得你看不起他,他会说:"别人都比我强,你跟别人过去吧。"所以,即便你心里明明知道他修不好水龙头,也要给他一个机会。如果他修不好,不用你说,他自己也会去求助别人。

男人其实是很讨厌女人拿自己与其他男人做比较的，尤其是当你拿他的短处和别人的长处相比时，这样做会让他觉得没有面子。

6. 无法忍受女人对自己指手画脚

在他做事的时候，你好心从旁提醒，却发现他根本不领情。其实男人非常不希望女人指手画脚，尤其是在外人面前。有的女人偏偏还是要"从旁指导"，甚至大包大揽，干脆一把抢过来："我来吧！"日久天长，大家会夸这个女人能干，被冷落在一旁的丈夫却会越来越没有成就感。

7. 无法忍受女人对他说"这个啊，我已经试过了"

他满腔热情地带女友去试吃新开的西餐厅，去紫金山看流星雨，带她看足球比赛，甚至战战兢兢地吻她，即使这个女人可能对这一切一点也没有感到陌生，也不该告诉他，她早就试过了，一点新鲜感都没有，这样会让他觉得很扫兴。大家再去一次，总好过女人以一副专家的口吻对他的新鲜感无动于衷。

> • **心理导读**
>
> 身为女人，不要经常去试探男人，更不要以分手来作为获取爱的手段。当你经常给他这种心理暗示，他的潜意识就会做好分手的打算。试探其实就是一种不信任，这会让男人男人怀疑你对他的爱。一旦哪天男人说"同意"时，那你不就傻眼了吗？
>
> 不要指望一个男人无条件、像个奴隶一样地爱上你。如果你想在爱情中充当一个至高无上的女皇，最终你会发现，你将跌得很重。

会爱的女人最幸福：女人需谨记的婚恋法则

> 对于女人来说，没有情感的生活是失去光彩的，女人在任何时候都需要爱情的滋润。但是，女人要在爱情中享受到甜蜜和美好，就一定要懂得一些爱情心理学，谨记一些爱情法则，然后运用自己的智慧去艺术地与男友或丈夫相处，便能将爱情和婚姻的风险降到最小，在爱情博弈中百战百胜。

18. 爱情的"美酒"为何没有了味道

♥ **心理探秘：**

☆ 车尔尼雪夫斯基说："生活只有在平淡无味的人看来才是空虚而平淡无味的。"

☆ 恋爱中的男女相互美化，相互吸引，还会把自己所期望的特征赋予对方。而随着时间的推移，双方相互了解，这种吸引便会逐渐减退，甚至心中会产生一种茫然的失落感，总觉得恋人似乎不那么可爱了，自己在爱人面前的魅力减少了许多。这是由人内心的倦怠造成的。

张馨与男友在一起已经3年多了，两人经过惊心动魄、牵肠挂肚的热恋之后，有段时间，张馨感到有些精神疲劳，心理上产生一种茫然感和失落感。她很想回到热恋的状态，那种甜蜜和充满激情的爱恋，令她终生难忘。但是，每当与男友亲近时，总觉得很失落。觉得男友没有当初那么可爱了，而同时男友也对自己淡淡的，再也体会不到当初的那种被呵护和被宠着的感觉，觉得爱情的美酒突然没有了任何滋味。

张馨的状态便是典型的恋爱中的"高原心理"反应。心理学家认为，恋人间出现"高原心理"反应，能够导致恋爱中的男女作出错误的判断，如果不能正确地看待它，就有可能使本来美满的恋爱宣告失败。

在热恋之前，男女双方活动的空间比较大，双方都可以根据自身的兴趣进行自由的活动，使人感到无拘无束，轻松愉快。而热恋之后，天天都厮守在一起，使原来的空间相对缩小，活动方式相对改变。这种改变使人的心理失去平衡，产生不适感，感到压抑沉重。这个时候，人们就会把这种不愉快的情绪向外进行投射，以减轻自我的心理压力。而恋爱时期的双方都是非常敏感的，彼此只要一点点的变化都能够感受到，产生具体的放大效应，如此这样便会冲淡恋人之间的感情，削弱相互间的亲和力，"高原心理"便在不知不觉间产生了。

另外，男女双方在恋爱之前，双方社交范围极广，精神生活极为丰富，而恋爱之后，出于对对方的"忠贞"，或者在"爱情专一"、"爱情是自私的"等观念的制约下减少了交往对象，缩小了交往范围。这就使他们的精神生活相对贫乏、空虚，恋人之间易产生一种厌倦情绪。

同时，男女双方在恋爱中，对彼此的期望值是很高的，他们总是幻想着爱情能让他们摆脱痛苦、孤独，是获得快乐和幸福的灵丹妙药。但是热恋过后，却发现爱情不如他们想象的那般美妙，甚至还有的会因为恋爱不顺利生出诸多的烦恼。再而，恋爱中的男女，其心理承受能力都是极差的，稍有不愉快就会倍感难受。这也是恋爱"高原心理"反应产生的又一心理原因。

当然，男人和女人爱情观上的差异，也是造成恋爱"高原心理"反应的主要原因。一般而言，女人把追求看成爱情，注重恋爱过程中的浪漫，而男人却以为不必再追求的才是爱。男人对待感情可分为两个阶段，在追求的过程中，男人不乏柔情蜜意，对所爱的人呵护备至，对小节也十分注意，一旦发现对方已经爱上自己，男人便会由对爱情的渴望转变为相互的信任。

当然，要预防恋爱"高原反应"，也不是没有办法的。那就是双方在恋爱的时候，一定不要表现得过于亲密，即便天天黏在一起，双方都尽力不要因爱情而失去自我，同时，也要保持一定的距离，不处处以对方为中心。

心理学家告诫恋爱中的男女，过于亲密对爱情并无帮助，也剥夺了慢慢了解一个人的乐趣，保留独立的自我空间，给爱情以呼吸的新鲜空气，便可以巩固彼此间的感情，维持个人的兴趣，更能够增添情趣。

- **心理导读**

  恋爱中，女人千万不要把自己当作神，也不要把对方当作神。

  避免让爱情关系进行得太快。

  交往之后，避免以自我为中心，保持尊重，不要勉强对方做不愿意做的事。

  不要因为二人已交往一阵子，就松懈下来，言行随便。

19. 男人的喜欢和爱，你分得清楚吗

心理探秘：

☆ 所谓的喜欢，是喜欢你带给他的甜蜜；所谓的爱，会连同爱你所带给他的不快乐。

☆ 苏岑说："情人之间，最有温度的感情交流，不是热吻，不是激欢。而是，手指间的相扣。一个人愿意在人前牵起你的手，那代表，他（她）是真的爱你……"

一些女人总会说："我的男友（老公）总爱跟我黏黏糊糊，尤其是到了人多的地方，他还是不避嫌，那些亲昵的举动，搞得人真有些不好意思。"

有这种抱怨的女人无疑是幸运的，因为这些都表明她的（男友）老公是深爱着她的。心理学家指出，人的内心最深层次的感情，最先是通过肢体语言表达出来的。在街上，当一个男人愿意下意识地靠近你，拉你的手，说明他是爱着你的。如果那个人吝于让你们的爱"见光"，说明他对这份爱是存有疑虑的。如果他坚决不肯在人前牵你的手，那只表明他对你只是一时的喜欢，你要做好失去他的心理准备。要知道，当一个男人从肢体上排斥一个女人，则说明他内心对她是极为反感的。很多时候，一个男人在自己的女人面前表现出"毛手毛脚"的小动作，也是一种爱的表露。一个人下意识的微小的举动，最能表明他的内心。

身为女人，想要对一份爱有长久的把握，就首先要学会分清楚男人的爱和喜欢。关于此，苏岑说："所谓的喜欢，是喜欢他能带给你的快乐；所谓爱，会连同爱他带给你的痛苦。喜欢，是有选择性的行为，可以一起吃喝玩乐。爱，是涵盖全部的包容。无论悲伤苦痛。对一个女人

而言：一个男人时时出现在你身边，也许仅仅是喜欢你；一个男人在每一个你需要他出现的时候出现，那他一定是爱你的。"

关于喜欢和爱的区别，美国心理学家鲁宾有这样的观点：爱慕并不是加强了极端的喜欢，爱是一个人对另外一个特定的人物所持有的一种态度，并以特定的方式表达自己对爱慕对象的思想、感情和行为。真正的爱有三个特征：1. 亲近和依赖的需求；2. 欲帮助对方的倾向；3. 独占性和排他性。而喜欢的特征表现为：1. 彼此间怀有同感；2. 对对方的积极评价和尊重。其实，关于此，用一个恰当的比喻来说，你如果喜欢一朵花，会把它摘下来，而如果爱它，则会给它浇水。

在感情中，当一个男人真的喜欢你时，他会想和你在一起，因为你会给他带来快乐；离开后，他会想念你，想着想着就会笑，然后继续他平静的生活。当男人爱你时，他想和你在一起，那是种牵肠挂肚的舍不得，怕你不能好好地照顾自己；离开后，他也会想念你，想着想着，心中会产生疑虑和担心："不知道她现在过得怎样！"

同时，当男人喜欢的女人伤害了他，他会生气，并且一定要让你逗他笑他才会原谅你；他爱的女人伤害了他，他只会独自伤心，因为他怕大吼大叫会吓着你。受伤后，他忧伤地笑着，看着她的眼睛，一旦发现她的眼神里流露出歉意和悔恨，他就会立即心疼地抱她。

对于喜欢的女人，男人往往会关注她的优点；对于爱的女人，他关注的却是她的缺点，并且那些缺点如果无关原则的话，它们在他眼中是可爱的，独一无二的。生活中，常有人感叹说，爱一个人很累。的确是，因为当一个男人真正爱一个女人时，他想会为她承担一切。

对男人来说，喜欢是一场轻松的旅程，因为当喜欢的女人离开他后，心里会有一点点的疼，但很快就会恢复平静，重新生活；而对男人来说，爱则是输不起的，当爱的女人离开他，心底会留下一道伤痕！

Part 1 婚恋心理：男人和女人之间的那些心理"较量"

- **心理导读**

　　美国心理学家安娜·斯蒂·何迪艳提说："面对心爱的人，你的心跳会加速；而面对喜欢的人，你会兴高采烈。凝视你所爱的人，你会脸红；凝视你喜欢的人，你会微笑。面对心爱的人，你不能说出心中的一切；面对喜欢的人，你会言无不尽。当你喜欢的人哭泣时，你会安慰；当你爱的人哭泣时，你会落泪。"

20. 女人保持长久吸引力的秘诀

♦ 心理探秘：

☆ 作家曾子航说："那些在情场上总受伤的女人，都有一个共同的特点，那就是爱得太过直白。"

☆ 苏岑说："温度太恒定，爱情不会太甜蜜。忽冷忽热，忽上忽下，那种不踏实感，会令人爱得死去活来。恋爱成败的关键，先学学'斥力—吸引'原则吧！"

☆ 很多女人都是"理想派"，她们总期望能将有期限的爱延伸到无限期，能够在男人的心中待一辈子。也就是说，女人不害怕一段关系的结束，却总害怕爱的结束。为此，保持长久的吸引力，是每个女人一生都在追求的事业！

　　在恋爱或婚姻中，女人总是被动，她们总是享受被男人追求过程中那种百般讨好的感觉。但是，不少女人在遇到恋爱屏障时，便会挠头质疑自己的做法："怎么办，前几天他还对我大献殷勤，百般讨好，但是，这几天却没了踪影，连个短信也不发。是不是我太固执，对他的考验有些过分了呢？我是不是该主动联系他了呢？"

　　通常，这时一个女权主义的情感专家会告诉你，这表明他已经不爱你了，赶紧离开他吧！而一位负责任的情感专家则会告诉你，你要稳住，先不动声色，晾他一小段时间，再主动联系他，他一定会再度回到之前对你狂热追求的状态。当然，这种说法，是基于一定的心理学理论的。

心理学中，有一个"以退为进"原则，是说当一个人面对异性的疯狂追求时，其自信心就会迅速地膨胀到最高值，会觉得自己的价值无与伦比。在这个时候，对方还是一个劲地死追，她（他）心中就会产生一种至高的优越感，心想："看来，我真是魅力无穷啊，还是有机会遇到更好的对象呢。所以，不用着急，就先等等看吧！"生活中，很多男性对女性展开狂热的追求，而女性总是视而不见，姿态摆得老高，就是这样的心理在作怪。在这样的情形下，男性便开始质疑自己，质疑对方不够喜欢自己，于是，就放松或放弃对她的追求，电话不打，信息也不发。这样一来，女性便马上会感到心慌，进而开始对自身的价值产生怀疑，接下来，焦虑和不安便会伴随其后，开始想着：是否该主动联系他呢？

当然，要打破这种僵局，对于女性来说，最好的办法，便是先让自己稳住，对男方表示出毫不在乎的态度。一段时间后，再不冷不热地给予问候，让他尝到点甜头，激发起男人的自信心。接下来，他便很容易回到之前对你狂热追求的状态了。这个时候，你再答应他的请求，他就会对你疼爱有加。

常常，很多男人说那个女人总是对他忽冷忽热，令人琢磨不透，却越发令他放不下。说到底，那个女人就是在不断地挑战他的自信心的底线，当一个人的自信心像跷跷板一样忽上忽下时，他的心智就会乱成一团，任何风吹草动的暗示，都能左右他的意志。

许多聪明的女人，完全可以运用这一心理现象，让自己保持持久的吸引力。恋爱时，她会对他忽冷忽热；结婚后，她会对他保持神秘感：神秘的行踪、迷离的思想、迥异的身体特征等，这种好奇心令男人对她产生新鲜、奇特、深奥莫测等感性的体验，进而便会对之展开追逐、求爱等行为。也就是说，男人追求女性，对女性产生好感，很大程度是因为他对其产生了好奇。所以，对女人来说，让男人永远对其产生好奇心，是自己拥有长久吸引力的重要秘诀。

- **心理导读**

    莎士比亚说："她最满足的时候，是她感到最饥饿之时。"如果对方太过了解你，那你便失去了一定的吸引力，对方也不会再花心思去猜测你的内心。只有让他琢磨不透才能让他一直注意你、关注你，不然他对你就像左手摸右手一般，毫无感觉。为此，女性在任何时候，都要学会保持一定的神秘感，让人永远不知道你内心的真实想法，这样的女人无论是在丈夫和情人那里，还是在朋友眼里都是最有吸引力的。

21. 让爱"无价"的砝码：摆正你的姿态

♦ **心理探秘：**

☆ 当女人真正输掉一份感情时，就要问自己：真的输了吗？真正的输，是输掉了自己；真正的赢，是令自己变得更好。

☆ 女人喜欢甜言蜜语，而男人则喜欢用眼睛恋爱。任何一个能说会道的男人都很容易将女人俘获。当过起日子的时候，女人才真正顿悟：说得好听，远没有做得好看更让人舒服。

☆ 在婚恋场上，女人可以输掉感情，可以输掉男人，但一定不可以输掉自己。智慧女人永远不做情场上的"乞怜者"，而是做内心高贵的"公主"，这是让你的爱变得无价的重要砝码。

关于恋爱中女人该如何摆正自己的姿态，一位心理学家曾给出了这

样的告诫：

其实，每个女人都像树上的果实一般，等待男人来采摘。如果把自己压得过低，男人只会对你视而不见甚至踩在脚下；如果把自己悬得太高，男人只会驻足仰望，摇头离开。而聪明的女人，则会把自己摆在一定的高度，让男人够得到，却摘不到，当男人使出浑身解数摘到后，定会视她若珍宝！

不可否认，男人都有"征服"情结，男人追求女人，注重的是"追逐"，其过程带给他们的刺激感，要远远大于爱情本身所带给他们的甜蜜感。所以，那种一开始便将自己姿态放得很低，让男人轻易得手的女人，因为失去了追求过程的刺激感，所以会让男人感到索然无味。正所谓"轻易到手的感情往往不懂得珍惜"，说的就是这个道理。所以，在恋爱中，女人一定不要放低自己的姿态，拒做情场上的"乞怜者"，要做内心高贵无比的"公主"，这样才能提升爱的"砝码"，也能提升你在男人心目中的"地位"。

有些女人，总把自己的姿态摆得很低，甚至一开始就将自己摆到一个乞求感情的地位上，其悲剧的根源就出在这里：你对自己都不自信，别人怎么看重你？男人往往都是这样，你过于看重他，也就昭示着他可以轻而易举地主宰你的情感和幸福了！如此一来，恋爱还没开始，就意味着你就先把"自我"给输掉了。这样的女人在自贬身价的同时，也贬低了自己的爱。

还有一些情场上的"乞怜者"，她们缺乏的是灵魂上的高贵。她们对爱的免疫力都很低，经不住男人对自己一丁点儿的好。哪怕是面对"已婚男"，她们也丝毫把持不住自己，在甜言蜜语中迷失自己。哪怕明知前方陷阱重重，也会不顾一切地往里跳。她心里始终认为，他的爱，太珍贵，就算飞蛾扑火也在所不惜。这样的女人，也贬低了自己的爱。

还有一些"乞怜者"，总把爱情看成是自己的全世界，把全部希望都寄托在一个叫"男人"的身上，最终，他离开了，她却一无所有。面对失恋的伤痛，她会伤心难耐、痛不欲生，日渐颓废、消沉。

而智慧的、有魅力的女人都是具有高贵气质的。她们始终认为，要想让"爱"变得无价，让男人永远疼惜自己，就要先用"高贵"提升自己的"身价"。这样的女人能在高贵的心态中主宰自己的情感和幸福，由此而高贵起来的，不仅仅是女人的气质，而随之高贵起来的却是女人的全部生命。心态和灵魂都高贵的女人，在感情中能做到不媚俗、不屈从、不盲从、不虚华，富有原则，而这种气质正是令男人倍加欣赏的。这种女人往往会给男人生活的信心和勇气，她们的骨子里潜存着一种净化男人心灵、激励男人斗志的人性魅力。

在文学史上，简·爱无疑是一个高贵女人的代表。生活的磨砺，朋友的影响，让她懂得灵魂的高贵与否与一个人的社会地位和金钱无关，而与爱有关。

面对爱情，虽然她内心热烈，外表却懂得克制自己，并且不媚俗、不屈从。她对富有的罗切斯特先生说："你以为，因为我穷、低微、不美、矮小，我就没有灵魂、没有心吗？你想错了！我的灵魂跟你的一样，我的心也跟你的完全一样！当我们的灵魂穿越坟墓，站在上帝面前，我们的灵魂是平等的。"

在她得知罗切斯特家里关着一个疯了的"妻子"时，她毅然选择离开。最后，当一场大火把罗切斯特的财富烧为灰烬的时候，她又选择回到他身边，这样的爱，是高贵的、纯洁的，也是伟大的。

灵魂高贵的女人虽然平凡，但身躯中却能散发出夺目的光彩，那种光彩足以能照进男人的心灵，赢得他们的尊敬和爱慕。所以，在婚恋场上，女人要活得幸福，赢得精彩，就要先从提升自己的姿态开始，做一个灵魂和心态上都高贵的"公主"！

- **心理导读**

　　女人如果把全部赌注押给一边,十有八九会输到惨不忍睹!

　　情场上的"强女人",不会去刻意找个肩膀依靠,而是没人依靠时,照样可以开心地走下去。女人的爱情,并不是无私地付出,而是开心地爱并且开心地被爱。

　　对于爱情场上的"强者"来说,失恋虽然痛苦,但是成熟就是不断丢掉自己不喜欢的东西,再难过也别忘了哄自己开心,失恋和笑容能让我们离幸福更近一步。

22. 别在浪漫中迷失自我:爱情并不与玫瑰为伍

 心理探秘:

　　☆ 男人用眼睛恋爱,女人则用耳朵恋爱。爱情中,男人对"漂亮"的免疫力很低,而女人则对"甜言蜜语"的免疫力很低。要想获得一段真感情,保持清醒是前提。

　　☆ 因为追求浪漫,女人恋爱时往往是两眼全闭,逃离现实,陶醉在自己幻想的浪漫情景中,到婚后才睁开眼睛,认清现实:真正能难系一生的爱情,需要的是温暖,而非浪漫。

　　☆ 真正的爱情开始时是激情,后来就变成了温暖:那是夜晚家中亮着的那盏灯,是感冒时递到手中的那粒药,是烦恼时轻抚肩头的那只手,是伤心时靠过来的那个肩……爱情的火焰,不可能一直轰轰烈烈,否则,迟早会燃尽。只有柔柔地亮着,暖暖地照着,才能相守一生。

　　最近刚步入爱河的张娜,总是沉浸于幸福之中,而她的幸福则来自于她对爱情的美好幻想。在办公室里,她会时不时地幻想与男友在夏威夷的海滩上,手牵手走在温软的细沙上,吹着海风,听着海浪的惬意的感觉。

下班后，她还会不自觉地眯着眼睛哼起那首《最浪漫的事》："背靠背坐在地毯上，听听音乐聊聊愿望，你希望我越来越温柔，我希望你把我放在心上，你说你想送我个浪漫的梦想，谢谢我带你到天堂……我能想到最浪漫的事，就是和你一起慢慢变老，一路上收藏点点滴滴的欢笑，留到以后坐着摇椅慢慢聊。我能想到最浪漫的事，就是和你一起慢慢变老，直到我们老得哪儿也去不了，你还依然把我当成手心里的宝。"

有人说：男人用眼睛恋爱，女人用幻想恋爱。这话说得一点儿也不假。生活中，多数女人可能都有过类似张娜的经历，总是对爱情充满了浪漫的幻想。很多时候，女人对爱情的渴望，多半来自对浪漫的渴望。可以说，对于初恋的少女，浪漫就是一杯香槟；对于经历过的女人，浪漫就是一杯浓浓的茶；对于迟暮的女人，浪漫就是一杯醇醇的酒。浪漫是每个女人心中永远的向往，所以，多数女人都很难抵挡住男人玫瑰的攻势和甜言蜜语的诱惑。为此，她们也很容易在爱情中迷失双眼，丧失理智。

梦露是学校的系花，追求她的男性有很多。这让梦露很自傲，相信自己一定能够找到一位又帅又有钱的男朋友。

安波是梦露的同乡，一直都喜欢梦露，但却始终不敢表白，只是默默地帮她做自己能够做的一切事情。

梦露很是喜欢浪漫，脑中总是被各种各样的幻想充斥着。但对自己来自农村的身份很是自卑，于是就在穿着打扮上很是讲究。大一情人节那一天，系里帅气的刘锋用一大束鲜艳欲滴的玫瑰打动了她的芳心。她喜欢这个嘴巴甜甜的男生，便毫不犹豫地与刘锋展开了恋爱。

刘锋家境很好，总是带梦露去浪漫，带她去吃精美的西餐，去海边冲浪，去许多高档的娱乐场所消费……梦露的虚荣心得到了极大的满足。安波看在眼里，并善意地提醒梦露，刘锋是个花花公子，是不太负责任的男人。但是梦露却丝毫听不进去，还嘲笑安波的观念太土。

半年后，梦露就经不住刘锋的种种诱惑，便在校外租了房子。

近一年下来，梦露去医院做了三次人流。每次都是她孤身一人，为此，梦露伤心地流了好多次眼泪。

后来，刘锋正如安波所说，很快就移情别恋了，有了新欢。那天梦露从医院回家，正好看到刘锋与他新交的女友在"熟悉的小巢"里快活。

因为过度沉溺于恋爱，梦露的好几门功课都亮了红灯。情场与学业的失败，让她万念俱灰，为此，大病了一场。

在医院中，只有安波来看她。梦露羞愧万分，不敢与他对视。

安波握着梦露的手，温柔地说："你真是个小傻瓜……"

"是的，我真的很傻，我现在才知道什么是可贵的，可是，都晚了……"

"不，玫瑰并不代表爱情，过去也不代表现在，更不代表将来……"看着安波深情的眼神，听着他温柔的话语，梦露深深地依偎在他的胸前。蓦然发觉：那温暖的胸膛，足以抵过成千上万的玫瑰和甜言蜜语。

其实，真正的爱情是实实在在的温暖，甜言蜜语和玫瑰固然浪漫，但并不代表爱情。可在爱情面前，很多女人会像梦露一样，总向玫瑰和甜言蜜语低头，她们不愿意相信爱情就是在自己生病时温暖的守候，是失落时一句悉心的安慰，是口渴时主动递上的一杯热茶……要知道，与富足的生活和浪漫的行为相比，女人更需要的是一份稳固和温暖的情感。所以，女人在选择爱情的时候，一定要擦亮你的眼睛，别为一时的迷失付出过于沉重的代价。要知道，一个会在你生病时为你端茶倒水，痛苦失落时能够给你一个暖暖拥抱的人要比玫瑰珍贵得多。

Part 1 婚恋心理：男人和女人之间的那些心理"较量"

- **心理导读**

　　对于已婚女人来说，浪漫并不是生日的时候收到令人尖叫的花束，也不是每一个纪念日里的烛光晚餐。新兴的浪漫主义，要你偷取每一个能够相聚的片刻，感性地分享，性感地共处。

　　与男友或老公亲密关系的营造并非一定要煞费苦心才能完成，也不是劳师动众地邀请一整个乐队来伴奏的烛光晚餐才算数。不妨试着用你的手握紧他的手，一起去散步，一起共享一本有趣的漫画书，在一段有轻音乐陪伴下的舞蹈，你会知道，原来营造浪漫，是可以如此轻而易举的。

23. 男人天生被这样的女人所吸引

心理探秘：

　　☆ 什么样的女人能让男人一世不忘？答案是那些让他们差一点儿得到，但始终没有真正得到过的女人。

　　☆ 情场上，一个女人若能做到让男人得到，而非得手，无论你是他的"红颜知己"还是"妻子"、情人，男人都会对你一世不忘！

　　这是一个让多数女人想了一辈子也没想通的命题：女人，是不是被男人追到手后，便意味着要开始被厌倦？

　　生活中，女人多数的抱怨都来自这个命题。

　　"婚前，他把我当宝；婚后，他却把我当草！"

　　"当初追我的时候，恨不得一天 24 小时都黏着我，把我追到手后，就开始对我不耐烦。"

　　……

在多数女人心中，男人似乎都是喜新厌旧的，他在追求你的时候，可以给尽你恩宠，一旦得手，便意味着你的恩宠期到头了！对此，心理学家给出了合理的解释：男性与生俱来的征服情结，决定了他们喜新不厌旧的本性。在情场上，他们对女人的追求，其实好似一场"猎取"活动。在没得到"猎物"之前，他们会绞尽脑汁，费尽心思。而一旦得手后，就意味着他们的征服欲得到了满足，便会开始寻求机会，进行下一次的"猎取"活动。而女人的抱怨，多源于此。

身为女人，要学着尽量拉长男人的等待期，也就是说，要让你的爱和恩宠变得更为长久，就要学会保持足够的神秘感，让男人对你保持永久的"猎取欲"。

今年28岁的小倩一共经历过四段刻骨铭心的爱情：自认识第一个男朋友之后，她恨不得把自己的全部都给他。为了他，她几乎放弃了她的全部。为了能与男友待在同一座城市，她辞去了异乡前程似锦的工作，还为了他疏远了身边的同性异性好友……为了能够取悦男友，天天情愿待在家中，做个幼稚的小主妇：买菜、做饭、化妆、等他下班……直到三年后，她却被男朋友无情地甩掉了。这段恋情像极了电影《殇情夜》中的桥段：我苦苦等你，却只换回一句"分手"的短信。

第二段感情亦是如此，只是她被男孩甩的时间提前了些，不到两年，男友就毫不客气地对她说了"拜拜"！随后，她又重复了有着类似情节的第三段感情，终还是被甩。

被爱情连伤三次之后，她自己也痛苦地思索：为啥我这个痴情女总会遇到薄情郎？为何我为他们付出了自己的一切，却只换回他们的无情的背叛？

小倩为此消沉了一段时间，从爱情的伤痛中挣脱出来之后，她就作了一个决定："今后，无论遇上什么样的男人，我只做我自己，只做让我自己高兴的事情，我不再为取悦任何男人而生活！"

后来她遇到了第四段爱情，而小倩也再不是当初那个为了爱情而生活的小女孩了。如今的她，即便恋爱了，也依旧会保持自己独立的生活姿态。会因为陪闺密逛街而推掉与男友的约会；为了加班赶稿可以让男友将生日聚会推迟一天；她只买自己喜欢的衣服，只看自己喜欢的电影；偶尔下一次厨房，也一定会做自己最爱吃的菜……想想以前的三段恋情，她自己也觉得自己对现在的男友太过刻薄了。但是，她彻底想通了，恋爱就是为了让自己更快乐！她做好了随时与男友分手的准备，她决不会为了任何人而妥协自己内心真实的快乐！

交往一年之后，男友就特意十分正式地找她谈话。正等小倩准备要分手时，男友却对她说："我们结婚吧。只有把你娶回了家，我才觉得能够将你彻彻底底地抓牢了！"

回忆前情旧爱，她内心感慨颇多：曾经那么重视爱情，为爱情付出全部，却屡屡被甩；如今不那么重视，没付出多少，却被爱人当成了宝贝！

小倩之所以频频被前三任男友抛弃，主要是因为她为男人付出太多，让男人觉得她已经被他们牢牢地抓在手中，于是便自然地对她丧失新鲜感。而到后来，她开始做"自我"，其行为给男人制造了一种"不安全"感，所以，男人才视她若宝，下决心要娶她回家。

心理学家指出，男人天生就有一种征服女人的欲望。在男人眼里，那些让人琢磨不透的女人充满了诱惑力。其诱惑力恰恰就在于她们的神秘莫测，难以驾驭。男人为了能最终征服和陪伴她们，不仅不会觉得辛苦，反而会觉得其乐无穷。所以，身为女人，要想让你的爱长久，就该保持一定的神秘感，即可以让他得到，但一定不要让他得手。正如苏岑所说："得到后，会有暂时的心理懈怠，但不妨大节，他依旧有他的珍惜。而得手后，会新鲜一消便弃之如敝屣，只为了得手而得手，多半不是为了珍藏。"

- **心理导读**

　　苏岑告诫女人："女人,看男人不要只盯着他手中的礼物,不要只关注他的花样频出,不要想仅仅成为他周末的一场越野马拉松,记得要做个正派的女人。对正派的女人,玩世不恭的男人不敢轻易下手!"

24. 婚姻如鞋,切莫贪图鞋的华贵而委屈了脚

 心理探秘:

☆ 女人这一生,最看重的永远是婚姻。女人会把婚姻的成功当成人生最大的成功。而找一个合适的伴侣,是成功婚姻的基本条件。

☆ 婚姻就是一双鞋,合不合适,舒不舒服只有脚知道。选择鞋时千万不要光在乎它好不好看,材质如何,更要看它合不合脚,称不称心。就算是双朴实的布鞋,只要它能让你的脚感到畅快,只要能让你一直走下去也不会痛,那它就是一双适合你的鞋,就是一双好鞋。婚姻也是如此,不要光看外在的容颜和物质的繁华,要看是不是心灵相通,是不是可以相伴到底,是不是可以相互扶持。千万不要因为一双鞋的外表委屈了自己的脚,脚永远比鞋重要。婚姻也是如此!

　　对于不合适的男人,该不该放手?别以为这是个很容易回答的问题,实际上,对女人而言,这是个令人万分纠结的"心理战争"。

　　"虽然不爱他,但他的条件真的很不错,有房、有车,比我身边所有女性朋友的老公条件都棒!放弃了他,我怕这辈子很难找到更好的男人了!"

　　"虽然我不爱他,但是他真的对我很好。体贴入微,嘘寒问暖,那种被捧在手心里的感觉真是棒极了。放弃他,恐怕再也遇不到能对我如

此好的男人了！"

"虽然觉得我们不合适，但是父母觉得他很好……"

"虽然觉得我们不合适，但和他一起出去，真的好有面子哟！"

"虽然不怎么爱他，但是，我真的不舍得放弃他……"

这是很多女人都会有的心理。虽然没有爱，但是他各方面的条件真的太诱人。于是，很多女人眼睛一闭，心一横：就是他了，反正结了婚都是过日子，有爱没爱都一样，至少能让我的生活看起来光彩照人。

但是，请别忘了，两人结婚过日子的确可以凑合，婚姻也确实会慢慢地消磨掉爱情，但若是一段婚姻刚开启便被贴上了"无爱"的标签，人这一辈子，会何等无聊、枯燥？对于不爱的男人，你若不肯松手，便是一种自私，也是一种自残。

好条件的确可以解决生活中的很多问题，但是，好条件却解决不了生活的核心问题——幸福。

婚姻如鞋，合不合适，舒不舒服只有脚知道。我们千万不要为了贪图鞋的华贵，而委屈了自己的脚。

马茜是一家外企的中层管理，工作一直很顺，但就是感情不如意。33岁的她，依旧单身。被家人安排了几次相亲，都未遇到自己满意的。为此，妈妈语重心长地跟她说，这个世界上所谓的爱情都是靠培养出来的，只要你不讨厌他，就该试着去交往。

于是，马茜真的去尝试了，开始频繁地相亲，只要对方对她表现出兴趣，而且条件尚可，她就尝试着和他去交往。

其中一个男孩，长得高大俊朗，在一家金融机构做高管，收入很高，而且还聪明上进，学历、工作都很好。于是，在明知道自己对他没有任何男女之间的最基本吸引力，马茜还是试着和他交往了。其中原因，妈妈的教诲占了三成，自己的虚荣心占了七成。半年后，因为来自双方父母的压力，两人终于步入婚姻殿堂。

可是结婚后，马茜发现了一个很重要的问题：自己的身体，没办法接受他。他们聊天聊得很开心，牵手走在路上也很开心。但是，每当男方吻她，她就会感到不舒服。即便是被动接受，事后还是觉得一点都不美好。马茜很快发现，自己从内心来说，根本就不爱他。

随即，马茜开始感到越来越后悔，她不该为了当初的条件而勉强接受一个她根本不爱的男人。因为不爱，所以他的很多小细节，比如吃饭时发出声音，比如吻她的样子，都让马茜厌恶到无以复加。还未到半年，马茜果断地提出了离婚的请求，让双方的精神都陷入痛苦之中。

经历了一次短暂婚姻的马茜终于明白，爱情是婚姻最基本的要素，如果男女之间连最起码的化学反应和异性间的相互吸引都没有，外在条件再好，再被人看好的婚姻，都将是一种痛苦的折磨。

在现实生活之中，有许多的女孩子都有极强的虚荣心，都想找条件好一些的男人，这样才能在别人面前有光彩，才能保证以后的生活过得好一点。但是，女人要知道，过得幸福与否，并不在于物质的多寡，而在于两人是否和谐。要明白，你的婚姻并不是展品，你所选择的男人，是你未来孩子的父亲——父母的女婿——你自己的爱人，执子之手、一直到白头的那个人，这些东西都是没法给别人看的。

其实，这也像到商场买衣服一样，许多女孩子都喜欢华丽的衣服，难道所有的衣服都要狂购回家吗？真正有品位的女孩子一定知道哪些衣服是适合自己的。那么，为何不把这种悟性放在选择婚姻上面呢？身为女人，在进入婚姻之前，一定要了解自己是谁，自己最想要的是什么，你对生活的渴望是什么，你与对方的结合是否能让婚姻保持和谐等等，都要考虑清楚，否则一味地虚荣，可能会让自己遍体鳞伤！

一般情况下，女人在进入婚姻之前，一定要对对方做好两方面的评价：

1. 你们的精神生活有默契吗？你们在价值观上有认同感吗？他的气场是否"罩"得住你，能让你有一种精神上深刻的依恋吗？女人要明白，爱情这东西是任何东西所不能替代的，因为你们要过一辈子，一个特别爱物质和一个不太爱物质的人在一起，两个人会互相地冲突；一个特别喜欢社交和一个喜欢安静的人，是没法协调的，这些电光石火的默契是非常重要的。

2. 你们的社会生活是否能够相互融合。女人要明白，恋爱是两个人的事情，而婚姻则是两个社会群体的事情。最好的婚姻就是相互间的默契融合，认同彼此的生活方式，喜欢彼此喜欢的人，接纳彼此间的朋友，因为有彼此，你们才会更爱这个世界上的一切，你们比之前更知道父母养育之恩的厚重，更加明白经营自己的友情，更知道做许多精彩的事情。这一种相互间的接纳，会让你感觉更有根，除了爱情，你们之间还有恩情的维系。

- **心理导读**

  有人曾说，真爱就是当你知道对方不是自己所崇拜的人，而且还明白对方还有着某一种缺点，却依然选择对方。任何一段美好幸福的婚姻，除了爱情，还不能缺乏一样元素，那就是包容，能够包容自己的，便是适合自己的。这是获得幸福和快乐的基础。

25. 选择爱你的人，不如选择懂你的人

🌺 **心理探秘：**

☆ 女人，只有遇到真正懂自己的人，才能焕发出十足的魅力；遇不上对的人，只能是两相折磨。

☆ 苏岑说："男人觉得女人什么都不懂，女人觉得自己什么都懂。男人觉得女人不懂自己的心，女人觉得那是因为男人不懂自己的苦心。于是，两个人的世界里，懂比爱更难做到。懂你的人，会用你所需要的方式去爱你，于是，你能得到舒心和快乐；而不懂你的人，会用他所需要的方式去爱你，于是，纵然被爱，仍旧难以感受到舒服和

快乐。"

☆ 在爱情中,当一个人读不懂另一个人,便很难做到相知。没有了相知,即便是相伴,也难有温暖。对于女人来说,在感情中其终究需要的不是海誓山盟的誓言,不是风花雪月的浪漫,而是最温暖的陪伴。

张梅对丈夫哭诉道:"我觉得你一点儿都不爱我,天天都在忙,哪有一天好好地陪过我?"

老公刘劲也很委屈:"我努力加班挣钱就是想让你过上好日子,这还不够说明我对你的爱吗?"

夫妻之间诸如此类的争吵,经常在生活中上演。妻子和丈夫原本是很相爱的,但仍旧矛盾重重,冲突不断,究其原因就是双方之间不够理解,彼此间没有做到真正的"懂得"。生活中,时常看到一些怨偶,不是因为不爱,而是因为不会爱。人世间,那些彼此折磨得最疼的男女,不是因为不爱,而是因为不懂爱。

雪小禅说:"懂得比爱情本身更重要。"苏岑说,让那个能懂你的人爱你,除此之外的任何人,纵然是千般讨好万般狂追,也要咬紧牙关,轻易不要点头。屈服于爱的女人很多。但大多屈服于爱的女人到最后都会懂得:一个人若不能真正地做到"懂你",那他的爱越深,便越折磨人……这其实是告诉女人,选择爱你的人,不如选择懂你的人。

民国才女林徽因,曾与大诗人徐志摩有过一段浪漫的爱情,但她最终还是选择了与梁思成结成连理。林徽因的选择是明智的,因为她知道,徐志摩教会了她什么是爱,而梁思成则是用"懂得"给予了她最温暖的陪伴。梁思成是真正懂得她的那个人。

梁思成是个不善言辞的人,但他不动声色的谐谑,常常让林徽因开怀大笑。同他在一起,林徽因感受到的是心灵的轻盈和人生的美好。他并不高大,但他的笃诚和宽厚让林徽因得到了从未有过的安全感。同时,他又是个胸襟开阔、坦荡无私又能细致入微地照顾别人的人,是个真正的男子汉。他们有共同的志趣和目标，那就是要为中国的建筑事业奉献自己，这让他们在长久的岁月中真正做到了心无芥蒂、坦诚相待。林徽因生活中所遇到的任何烦扰和偶尔涌起的茫然的心情，在他那里都能得到最诚挚的劝慰和开解。

梁思成和林徽因在美国进修时，他们的婚姻曾一度遭到梁母的反对，这让林徽因很是苦恼和委屈。林徽因深知自己并没做错什么，但这件事还是让她极为郁闷，后来，更因此而生病。梁思成很是懂得林徽因的苦衷，仍旧对她体贴入微，这让她的内心得到了极大的宽慰和释怀，最终与他喜结连理。

当徐志摩所乘飞机在济南附近的开山坠毁时，梁思成与沈从文等几个朋友亲到现场善后，并带去了林徽因亲手制作的希腊式铁树叶小花圈。当时的梁思成非常理解妻子的心情，便从现场捡了一块烧焦了的飞机残骸，拿回家去给了林徽因。林徽因极为悲痛，便将这飞机残骸挂在了卧室的床头，一直到她去世，就那么挂了24年。梁思成觉得，徐志摩在妻子心中是有些分量的，她只是在用这种方式纪念他。因为懂得，所以宽容；因为相知，所以珍惜。爱情因为珍惜而美好，因懂得而温暖。梁思成如果不是真正地"懂得"她，如何能以阔大的心胸包容她？

由此可见，懂得是心与心之间的一种理解、一种感应，是彼此心灵深处的默契，是灵魂与灵魂的对望。梁思成是真正懂林徽因的人，他把他的心放在她的心里，了解她的一切所思所想，为此，他们之间一切的纷争和矛盾都因懂得而化解消融，是深深地"懂得"让他们的婚姻奏出了最和谐的乐章。

身为女人，一定要找个懂你的人相伴终生。要知道，爱你的人未必懂你，但懂你的人，一定会疼惜你。深深地懂得，于彼此就是一种幸福。真正的懂得不是察言观色，更不是费尽心机地揣摩对方，而是心灵与心灵之间的一种感应、一种理解。懂得是一颗心对另一颗心的欣赏，是一段情对另一段情的欢愉。它源于爱，始于情，能让长久的爱情散发

出最温馨的芳香。

真正懂你的人，会在你伤心的时候抱紧你，会在你寂寞的时候陪伴你，会在你孤独的时候给你一个微笑，会在你无助的时候给你一个宽厚的肩膀，亦会在你难过的时候给予你最善解人意的宽慰。真正懂你的人，愿意与你一起分享生命的美妙和感动，愿意与你共同经历人生的风风雨雨，更愿意用体贴和呵护温暖你的今生岁月，愿意与你用相濡以沫去诠释一生相随的感动。所以，对于女人来说，找一个爱你的人不如找一个懂你的人。他理解你的所思所想，无论在任何时候，都会给予你最温暖的相伴。

可以说，世界上最动人的情话不是"我爱你"，而是"我懂你"。懂得你所以爱你，爱你所以惜你、疼你。可以说，在爱情中一句"我懂你"胜过千万句的甜言蜜语。有人说，懂得，可以将天涯化作咫尺，将沙漠化作绿洲，能够触碰内心最柔软的地方，能够让枯萎的心灵开满岁月的花朵。因为懂得，心与心不再遥远，情与情不再相猜，人与人之间便不会再冷漠。所以，如果你身边有一个懂你的人，请好好抓住他并珍惜他，他能真正地给予你一生最温暖的相伴。

> **· 心理导读**
>
> 　　懂你的人，常是事半功倍，他爱得自如，你受得幸福。不懂你的人，常是事倍功半，他爱得吃力，你受得辛苦。
>
> 　　一个懂你的人，能带来一段彼此舒服的爱。一个不懂你的人，最终会让你懂得一个道理：人生中，懂，比爱更重要……

26. 能读懂男人拒绝你的"暗语"吗

● 心理探秘：

☆ 一个拒绝女人的男人，一定会找出诸多的理由和借口。

☆ 当一个男人不记得给你打电话，不热情地联系你，总会找出百十条理由来敷衍你，八成是对你兴趣不大。

☆ 男人拒绝女人，总爱用借口，因为他们不愿意伤一个女人的"自尊"。

女人问："你是不是对我一点感觉也没有？"

他说："没有啊，我对你的感觉挺好的。"

女人问："为何你从来不主动跟我联系呢？"

他说："我没有存你的号码啊！"

女人问："你是不是不打算和我结婚？"

他说："没有，我谈恋爱就是奔着结婚去的。"

……

总之，当面对女人的各种疑虑时，男人总有各种各样漂亮的理由或借口去应对。面对男人的借口，女人会感慨：看来，我真的错怪他了。面对女人的信任，男人很是着急："她怎么如此不开窍，我已经找了那么多借口在拒绝她，难道她真的听不出来吗？"于是，多数人会感叹："不懂男人的女人真可怜，明明人家在拒绝她，她还误以为人家视她若宝地空欢喜。"为此，要做一个富有智慧的女人，起码要能读懂男人拒绝的各种暗示。

其实，从心理角度分析，男人与女人相比，他们不容易专情，但是他们一旦爱起来，对女人认真起来，会表现得比女人更为热烈，也更为

疯狂。若是真爱一个女人，他会把她的基本信息，包括她的住址、她的单位、她的任何可能的联络方式等，都像宝贝一样地揣在胸口紧紧地不放。哪怕你藏在这个世界上一个无人知晓的角落，他也会把你找出来。

一个男人，若真爱一个女人，他不会慢条斯理地给你讲道理、摆理由。男人想拒绝女人，还能把理由说得"冠冕堂皇"，主要是因为他们不忍心伤害女人的自尊心。因为在男人看来，让一个女人没面子，就是男人最大的失面子。人都是如此，在拒绝别人的时候，为了不伤感情，总会把理由说得很是充分，让自己看起来很有绅士风度，看起来名正言顺，毕竟人人都害怕良心不安。

但是，面对男人的拒绝，很多女人都不愿意相信。她只要对他有一点点的感情，就会让自己活在自我幻想里，不愿意去接受现实。女人的心灵是脆弱的，面对一个男人的拒绝，她会感到没面子。

对于女人来说，如果你身边的男人对你说："若遇到比我好的男人，就嫁了吧！"对于说这样话的男人，千万别再抱有任何的幻想。这是一个男人对女人的最高级的拒绝。这也足以说明，他真的对你无意。离开他，不仅是给对方一条出路，也是给自己机会。

- **心理导读**

　　当一个男人拒绝一个女人的爱时，他除了找理由和借口外，还总爱跟你捉迷藏、玩失踪。当你E—mail上都见不到他，当你打电话说关机，打办公室电话说请假的时候，你很担心。你用遍了所有的办法，可还是找不到他。一段时间以后，他又突然出现在你的面前，说自己是出去散心了。不管你再怎么盘问，他都是以出去散心来作为消失的原因。

　　身为女人，不要花费巨大的精力来解决"失踪男人之谜"。无论你找出了各种各样可以安慰自己的证据和借口，唯一的事实是，他不再想和你在一起，并且没有胆量和你说清楚。

27. 女人与"网游"的"战争"

心理探秘：

☆ 女人对待"网虫男人"，要懂得迂回作战，才不会让男人"岔路而行"。

☆ 男人迷恋"网游"，就会完全沉溺其中无法自拔，对现实生活中的人和事变得麻木，不闻不问，不管不顾，忽视家人，在工作中也会不求上进，整个人都会变得很低迷。

☆男性通常喜欢按照自己的意愿行事，行为目的性明确，独立性较强。男性不愿让别人的言行来左右自己的决断，对别人的意见、建议或暗示性行为不容易盲目接受。他们一般先理性地思考别人的意见或建议才做取舍。所以，对于有"网瘾"的男人，女人千万不可直接强制让其戒掉，否则，有可能会招致相反的结果。

若溪和陆虎结婚刚满一年。结婚的时候，对嫁给陆虎这样老实忠厚的男人，若溪感觉是很骄傲的。可婚后的生活，是若溪没有预想到的。

每天一进家门，陆虎就迫不及待地跑到电脑跟前，开机，上QQ，打开游戏界面，紧接着"厮杀"就开始了。若溪想跟他说句话都没机会。做好晚饭，叫了三声"老公"都没人应答。她进书房一看，陆虎正和一"勇士"私聊得火热。等了半个多小时，饭都快凉了，才见他急匆匆扒拉了两口饭，就又溜回书房了。

若溪也为此跟他吵过、闹过，可人家陆虎理直气壮地说："我不抽不赌，就爱上网玩个游戏，这也有错吗？"若溪为此很郁闷。

不少男人对网络的专注程度，已经远远超过了观看"世界杯"。最起码，世界杯每四年才看一次，而游戏却是他们每天的"必修课"。男人玩游戏，最痛苦的莫过于他身边的女人。很多女人都和若溪的处境差

不多，我们也总能听到这样的抱怨声："他成天就知道打游戏，跟我半句话没有。我要是着急了，拔了电脑的电源线，他就凶得恨不得杀了我！""他成天挂着QQ聊天，我一过去，就赶紧关掉对话框，肯定是在网上跟女孩子打得火热！我一问他，他就烦，他要真有了外遇，我们这日子就没法儿过啦！"

为何男人会如此痴迷于游戏，游戏有那么好玩吗？关于女人心中的这个疑团，我们现在就来一一分析，看看这些"网瘾"君子们到底是怎么想的。

男人沉迷于网络世界，其实是有不同的目的的。有些男人喜欢玩网络游戏，是因为想有机会认识更多的网友。老实忠厚的男人沉迷网络，不一定是因为对网上的网友感兴趣。他们更多的是为了寻求心理上的平衡。事业的挫折、生活的不如意让他们想脱离现实。还有一种男人，他上网纯粹的是为了放纵自己。可能现实生活中他不善言辞，但在网络中，他可以自由地倾诉、畅快表达，完全展示自己的另一面。

不能否认，上网是有一定的好处的，可以开阔视野，增长知识。但如果长久地沉迷于此，现实生活就要出问题了。女人担心的，是男人不仅会因此冷落自己，更怕他会玩物丧志，甚至在虚拟的世界里结识"新欢"。而男人对此是不屑地反问："吃喝玩赌，我一样都不沾。玩个游戏，又怎么了？"

男人的说辞，听起来颇有道理。女人听到这样的解释，也就想当然地让自己的思想顺着男人的意思发展了。是啊，自己的男人在家里抱着电脑玩，虽然不太喜欢他的做法，可这总比出去满街"乱晃"要安全得多了。

如果你真这样想了，那要提醒你：男人沉迷于网络的时候，给家庭带来的安全隐患是巨大的。当男人沉迷网络的时候，大脑里只有面前的显示器。这时候，女人再多的"控诉"，他都是听不见的。明明男人就在自己眼前，可就像隔了一堵墙一样无法沟通。天长日久，一个屋檐下的夫妻也会貌合神离了，这样更加剧了"网瘾"对婚姻的破坏速度。

沉迷于网络的男人，如果你强行介入他们的网络世界，势必会引起男人的反感、抵抗，甚至暴力。男人都是吃软不吃硬的，要想让他和网络分开，你还得开动你的脑筋，运用你的智慧。既然硬攻不行，那就试着采用一些"迂回"的方法，可能会把男人从"黑水潭"中拉出来。

媛媛的老公，每天睁开眼做的第一件事，就是先打开电脑，进入游戏"杀两局"。就算家里有再重要的事，他也不会离开电脑过去帮忙。终于这一天，媛媛和他大吵一架，媛媛自己躲在屋里生闷气，而老公还是目不转睛地盯着自己的"装备"。

"这样下去可不行，我得想个办法让他回来啊！"媛媛心里想着，这时候心里突然有了一个主意。第二天，媛媛一大早起床就对老公说："老公啊，你今天在家好好玩游戏，我晚上就回来。"老公高兴地点头答应，为老婆的支持差点跳起来，终于没有人打扰了。很晚，媛媛回来了，故意不和他说话，直接就睡了。

第二天、第三天、第四天……整整两周过去了。

这天，媛媛正在朋友家吃饭，接到了老公打来的电话："老婆，你在哪儿？快点儿回来吧！我在家坐立不安等你半天了，上网越上越烦。"媛媛手里握着手机，得意地笑了。

喜欢上网，你就让他上个够吧！就像媛媛对待自己的老公。不仅不吵、不闹、不反对，还会迁就怂恿他玩游戏。而其实，她并不是真的放纵了他。因为她懂得，男人都有叛逆心理，但任何人一成不变地做一件事，时间长了也都会乏味。当他不想玩游戏，甚至连浏览网页的兴趣都没有了的时候，你就可以张开怀抱迎接他的"回归"了。

除此之外，你还可以试着去开发男人的其他兴趣。例如旅游、美食等等。因为沉迷网络，他可能没有机会发现自己的其他爱好，或者根本不清楚自己的兴趣所在。只要你将他的兴趣转移了，那么他势必也就会随之离开网络的世界。

另外，如果男人因为业余生活无聊而上网，那你不妨多邀请朋友来家里做客。但请注意，这里说的不是你的朋友，而是他的。因为如果是你的女性朋友来家坐坐，他或许因为不感兴趣或者用不着自己接待，就又回到自己的"包围圈"去了。若是他的朋友来做客，接待工作他是一定要做的。这样一来，顺便让朋友带他多出去活动活动。如此，"游戏"就有可能被他自动放弃了。

> **· 心理导读**
>
> 　　女人在同男人沉迷网络的抗争中，也要注意不过度地去给男人"自由"或者建议，因为男人如果彻底"解放"了自己，那么出现的后果就是你无法控制的了。适当地采取不同的"迂回战术"，才能让男人像走失的羔羊一样"迷途知返"。

Part 1 婚恋心理：男人和女人之间的那些心理"较量"

读懂婚姻，牵着爱人的手幸福到老

> 一个女人，若能获得婚姻上的幸福和美满，那她便获得了人生最大的成功。生活中，很多女人的婚姻出现这样或那样的问题，多数是因为看不懂婚姻，弄不明白婚姻中的男人和女人的心理造成的。所以，富有智慧的女人，一定是要懂一点婚姻心理学的。它能帮助你根据婚姻中男人和女人方方面面的心理特点，作出正确的判断、选择，避免一些敏感问题，从而经营好婚姻，牵着爱人的手幸福地走到终老。

28. 被女人"逼"出来的"出轨男"

🔴 **心理探秘：**

☆ 很多时候，男人的"出轨"是一种对家庭压力的逃避。

☆ 每个女人都希望自己的男人能对自己"死心塌地"，但是，很多男人总会频频"出轨"。男人并不都是"薄情郎"，而且他的出轨，很多时候都是被女人给逼出来的。

☆ 男人始终爱的女人，无非只有一点：那就是有女人味。所以，身为女人，如何让自己更像个"女人"，是抓牢男人的关键。

刘雪是个漂亮且能干的女人，家里家外都是一把好手。她是一家有实力的外贸公司的领导，经常带领团队做出令人赞叹的业绩，深受老板器重。她白天在公司风尘仆仆地奔波，回到家里又包揽所有的家务。家里煤气没了她去换，马桶坏了她去修，灯泡灭了她去换。她总是指责老公油瓶子倒了都不会扶一下，可是嘴里骂着的同时又自己跑去扶油瓶。不过，看似完美的刘雪并没换回丈夫的疼爱。

近来，她发现，老公和网上一个叫"梅梅"的女孩聊得热火朝天，两人关系很是暧昧。并且在无意间，她了解到对方的长相和工作完全不能和自己相媲美……刘雪完全崩溃了，自己如此完美，怎么还是留不住老公的心呢？

生活中，不乏像刘雪老公这样的男人：明明家有仙妻，却偏偏要出门找个收入、身材、脸蛋、素质等完全不如妻子的寻常女人。面对这样的男人，很多女人会说："这个男人脑袋真是有问题！怎么就不知足，不知好歹呢？"

其实不是的。

你的男人其实是被你的太过完美给"逼"走的。太完美的女人，男人固然都喜欢，但喜欢得压力重重。虽然女人大都缺乏安全感，但是比起女人来，男人的心理未必如你想象的那么强大。面对太过能干的老婆，他也会怯场，他得要求自己时时要保持文雅的举止、文明的用语，同时，还要在事业上拼命努力，生怕弱于老婆，然后再被人质疑："你这副做派，配得上你的老婆吗？"

要知道，当男人开始要时时考虑自己能否配得上自己的女人时，就会感到疲惫不堪。长此以往，强大的精神压力会使他开始选择新的出路，以放松自己。

其实，在择偶问题上，男人普遍会选择一个比自己弱的女人，因为面对强者，男人需要严阵以待；而面对弱者，男人可以解除戒备，完全放松自己。很多时候，男人"出轨"，完全是被家里太过完美的太太给逼的。面对女人的完美,他渴望逃离,逃离老婆英明神武的羽翼,他不希望自己8小时以内在单位里劳心劳力,8小时以外还要故作矜持,保持姿态。

其实,男人最渴望的是那种拥有十足女人味的女人。太过完美的女人会让男人害怕。所以,身为女人,你可以做"女强人",可以在外面叱咤风云,引领群雄。而回到家中,你就要学会做一个"真"女人,就要学着放低自己的姿态,放下自己的架子,家务要适当地让老公做一些。老公偷懒一点,不要骂他没用;老公事业不顺,不要骂他不求上进;老公邋遢一点,不要斥他不讲究;老公口气大一点,不要说他没素质。做个完美的女人,不如做个真实的女人。只有你活得舒服,别人才能活得轻松,婚姻也才能变得和谐。

> • **心理导读**
>
> 一个真正能守住爱的魅力女人的标准是:大女人的素质,小女人的情怀。她能温柔似水,也能坚强如钢;能在小事方面涂糊,在大事面前清醒。
>
> 不做女强人,要做"强女人"。对女人来说,强大,并不是霸道,不是要将别人的所有占为己有。恰恰相反,内心的强大带给我们的是宽容和谦让。正是因为内心的安定与平静,我们才明白自己真正需要什么,才明白如何才能得到快乐。

29. 要让男人回家，先要为他守住回家的路

🌸 心理探秘：

☆ 分手如同结束一场宴会，美味已经吃完了，剩下的都是些残羹剩饭，不走更待何时？是否一定要让自己倒了胃口才肯离开？

☆ 爱情，是滋养女人精华的地方，也是掏空女人精血的地方。一个女人，如果把爱情当成了自己的唯一生活，那就意味着它离枯萎已经不远。

☆ 对感情的尊重应该是这样：开始的时候要端庄，不要依率，否则你在对方心中就不会很珍贵；结束的时候要理智，不要依恋，不然对方会更加骄傲自己的吸引力，你在人家心中就更没有分量。

面对男人的出轨，很多女人的脑子里立刻就会产生一个念头："我死也不会让你们得逞！"

接下来，开始一哭二闹三上吊，先到老公单位闹，再到情敌家里闹，满口污秽之语，满地撒泼打滚……如此这般闹来闹去，不仅未能挽回老公的心，相反，还把老公彻底赶到情敌那里去了。

很多女人，很是不解："我如此挽留他，他怎么还是不肯回心转意呢？难道他一点旧情都不念吗？"

不是的！你本想让男人回家，但你给他留好了回家的路吗？要知道，你的哭闹，并不是在挽留男人，而是在把男人往外赶。

生活中，不乏这样的场景：

薄暮时分，一位中年妇女在公园的紫藤花长廊中，握着手机不停地哭诉："事到如今，我还能怎么样？看在孩子的分上，我只能忍了。但是，没想到他仍旧如此无情，我现在连死的心都有……"接着又开始不停地抱怨那个男人是如何地无情,她这几年又是如何地辛劳。

原来,她的丈夫有了外遇,被她发现后,便与其大吵大闹。先是跟老公一场大战把家里砸了个乱七八糟,本来还有点愧疚之心的老公再也无法容忍,干脆跑到外面住!这下她却像疯了似的,开始跑到老公单位大喊大闹。回到家还是不解气,跑到老公情人的家里,上门便将人家痛打一通!

老公彻底绝望了,便对女人说:"咱们离婚吧,财产全归你。只求你,别闹了!"

她又开始失声痛哭:"我闹来闹去也是为了让你回来,你为何执迷不悟呢?"

老公只是说:"你都闹到这种地步,我们以后还怎么在一个屋檐下生活?我原本是想回家来的,可你给我留了回家的路吗?"

女人听罢,顿时无语,欲哭无泪,不知如何是好。

这便是婚姻"钉子户"女人的作风,她们原本是想通过打闹让老公回家,但结果却恰恰把回家的路给堵死了。这种做法让女人彻底丧失了该有的优雅和涵养,也失掉了女人该有的尊严,已经毫无魅力与气质可言了。

一个真正有涵养的气质女人,面对男人情感的背叛或分手要求时,她会微笑着对男人说:"其实我早就想离开你了,请你出去的时候把门带上吧!"这样的女人内心是强大的,她们离开了男人,照样会活得精彩。在任何时候,她们都不会委曲求全换来一个男人的爱情,更不会做有失涵养的事。这样的女人无论在何时都懂得爱自己,她们明白,只有学会爱自己,才会受到他人的珍爱。能与相爱的人相守一辈子,固然很好,如果真有不爱的一天,就该果断放手,不必浪费时间去恨他,去和他争,和他吵。一生如此短暂,只有放下伤痛,好好珍爱自己,想办法让自己活得幸福快乐,才是对对方最好的"报复"。

- **心理导读**

　　一切人与事都不可抵挡住时间的洪流，握在手中的，也要做好随时被带走的准备。学着和气分手，过多的争吵和抱怨只会让自己永不幸福。然而，时间也是仁慈的，终有一天，你会发现，这些怨过、恨过的光阴，早已经成为时光随手可以带走的"垃圾"。

　　成熟不是人的心变老，是泪在打转还能微笑。走得最急的，都是最美的风景；伤得最深的，也总是那些最真的感情。收拾起心情，继续走吧！错过花，你将收获雨；错过雨，你会遇到彩虹。

30. 谁才是男人一生忘不掉的女人

◆ 心理探秘：

☆ 男人的一生中会出现很多的"白玫瑰"与"红玫瑰"，但是最令他难以忘记的，是那个在艰难岁月中陪伴他的女人。

☆ 张小娴在散文《最难忘的旧情人》中曾说道："一个男人提起过去几个情人，最令他忘不了的，不是最漂亮的那一个，不是他最爱的那一个，不是抛弃他的那一个，也不是差一点就成为夫妻的那一个，而是他自觉对不起她的那一个。他无法原谅自己曾经令一个女人那样痛苦。多少年来，他一直担心，她在离开他之后，得不到幸福……"

　　"我丈夫经历过一段刻骨铭心的初恋，他与前女友在一起整整7年，那个善良的女孩子在他事业刚起步时陪他度过了人生最艰难的岁月。最终，只是造化弄人，他们还是因为各种原因分开了。在他30岁的时候，我走进了他的生活，与他共同生活了近10年。但我发现，我仍旧走不进他的内心。我很明白，他对我的仅仅是责任，而不是爱。他的那个初恋，占据了他内心的所有空间……"张瑞经常向朋友这样诉说她内心的苦。

生活中，很多女人都会遇到诸如此类的问题：与丈夫在一起生活几十年的感情难道真的还抵不过他与前女友在一起的几年时间吗？要知道，很多时候，爱，讲的不是"道理"，不是"付出"，更不是在一起时间的长短，仅仅是一种先来后到的"次序"。那么，在男人的一生中，谁能是令他难以忘记的女人呢？

有的女人可能会说，男人不是生来都花心的吗？女人对于他们不过是一种经历罢了，让他们产生真感情是很难的事吧！其实不然，很多时候，男人并不像女人想的那么多情和薄情，真正经历过"爱"的男人，那份对爱情的珍视丝毫都不逊于女人。女人都期望成为男人的唯一和最爱，事实上，对于男人来说，他一生最不能忘记的女人，不是他最宠的女人，也不是他最恨的女人，更不是抛弃他的女人，而是他觉得最对不起的女人，是那个当初陪他一起走过了人生最艰难岁月的女人。在男人心中，那不仅仅是爱，更是一种刻骨的恩情。那样的日子，对男人来说，是一生的转折点，是最令他难忘的一文不名的光阴，也是一个男人最看重和最珍视的"感情"阶段。

对男人来说，在人生的不同阶段可能都会有"白玫瑰"和"红玫瑰"的出现，但他却永远不会忘记那个在他二十几岁，人生最艰难的时候，死心塌地陪在他身边的那个女人。虽然，在后来，他们会选择一个与自己合适的女人结婚、生子，平平淡淡地度过余生，但却对后来的女人再也燃不起激情，因为他已经燃烧过了。

一个男人一生可能会遇到很多女人，但最终的真爱始终只有一个，并且那段爱会让他刻骨铭心。这也是为何女人总是抱怨"明明我是陪他终老的人，可为何他总对之前的女人念念不忘"的原因。对此，苏岑也说，一个有故事的男人，不会再给后来的女人更多的精彩。不过，跟这样重情的男人，也会是个不错的婚姻结局。随着时间一天天过去，他会把更多的心思放到陪在自己身边的那个女人身上……所以，对于女人来

说，如果你总觉得走不进他的内心，请不要着急，你需要的是等待。随着岁月的流逝，你的"付出"也会转化为一种恩情，让他感激你一辈子。

> · 心理导读
>
> 　　有人说，在婚姻中，能将爱情转化为"恩情"的女人是最厉害的。这样的女人，最终抓住了获得男人宠爱的法宝，也牢牢地抓住了男人的心。
>
> 　　一个智慧的女人，面对男人的旧爱，都能持理解的态度，大方地接受，要比小气地制止更能赢得男人的心。一个女人的姿态，决定了其爱情和婚姻的状态。

31. 给男人吃"定心丸"，给自己吃"紧心丸"

♦ 心理探秘：

　　☆ 智慧女人懂得：爱应该是有节制的，该是向善的。因此，好女人对男人只要心怀善意就行了。女人爱得泛滥，爱得匮乏，都会让男人感到紧张，感到烦闷。

　　☆ 多数女人都是想抓紧男人的，因为大部分女人成家后就放弃了自己的追求，放弃了与社会的沟通和交流，于是便对男人产生紧张感。于是便在婚姻中大演"悬疑剧"：搞跟踪、查手机，把自己变成"福尔摩斯"，搞得男人疲惫不堪，也让自己心惊肉跳。

　　☆ 智慧的女人懂得：过分的安全只会让自己的价值全失，适当适时地引发男人小小的紧张和吃醋，这绝对是幸福生活的润滑剂。

　　婚恋场上，有两种智慧女人，都懂得给男人吃"定心丸"，给自己吃"紧心丸"。

　　一种是朋友较多、交际较广的女人，她们因为有超好的人缘，所以很容易使家中的男人产生紧张感。这种紧张感会让男人想抓住女人，让她们放弃与社会的沟通和交流。而这时，女人则会给他们吃"定心丸"，带他进入自己的社交舞台，并将自己的光环全部戴在男人头上，让男人安心。而自己则会在背后给自己吃"紧心丸"：不断告诫自己要守住清白，抵住诱惑。这样的女人，终会得到男人的宠爱、朋友的眷顾，获得事业爱情双丰收的圆满结局。

还有一种交际较少、朋友少或者甚至没有自己的社交舞台的女人，因为与社会沟通和交流较少，所以会对男人产生紧张感。这个时候，她们会给男人吃"定心丸"，给自己吃"紧心丸"。在男人面前自信十足，对男人的私事从不过问。而在背地时却紧锣密鼓地不断修炼自我，提升自我魅力，牢牢地将男人"吸"在自己身边。这种女人是乐观的，她们固然紧张，但却能通过调节让自己的心灵变得通达起来，让爱在一种平淡中走得更为牢固和永恒。她们认为，感情这回事放得开，其实就恰恰是一种最好的把握。

一位知识女性，她深爱着自己的丈夫，但是，她爱丈夫，对丈夫付出的同时，从没忘记爱自己。她的丈夫是位成功人士，经常在外出差、应酬，但他们的感情却十分融洽，从未有过一丝半点儿的裂缝。

有人曾问她："你不担心他在外面寻花问柳吗？"这位女士回答说："我和他的爱从来都是平等的。从接受他的爱那天起，我就给予了他极大的信任，我爱他却不苛求他。我希望他更成功、更完美，但我从未把自己的一切都抵押在他的身上。我还担心些什么呢？有些时候感情这种事你放开来看，其实恰恰就是一种最好的把握。"

真正智慧的女人会给男人吃"定心丸"，给自己吃"紧心丸"，她能让彼此都生活在一个比较自由和宽松的环境中，用彼此能够接受的方式来让他知道：我需要你，但是我会更努力让你需要我，这才是我存在的价值。如果你不再需要我，我会找到一个地方放置我自己。

以上这两种女人的最大智慧在于她们懂得：不管是在恋爱中还是在

婚姻中，女人的独立都是有条件的。尤其是如何把握好独立与依赖的平衡关系，则是女人一定要把握好的一门学问。一般来说，婚姻中的平衡度是不好把握的，女人若太过独立，会让男人找不到感觉；女人若不太独立，又会让男人感到太累。所以，独立的女人在实际的生活当中一定要有些女人味十足的东西，比如理解、宽容、善良、见地、胸怀等，来作为平衡夫妻之间关系的一个法宝，这是女人与生俱来的性别特点所决定的。做一个既独立又在某些方面依赖男人的女人，才能使婚姻平稳地向前迈进。

婚姻把男人和女人做成了合订本。其实，最好的婚姻是男女应成为有内在联系的单行本，表面上要互相独立。

感情是最在乎尊重和平等的……不用说，有见地和有胸怀、善解人意的女人，男人自然会感受到她的可爱之处。因为男人爱上一个女人的同时，并不希望自己在女人的无视中变得惴惴不安，更不希望自己在爱的约束下丧失自己的一方世界，男人在乎爱情的默契、宽容和理解。因为这样的爱既能让男人感受到温暖，也不会阻止男人身心释放地闯荡人生——毕竟，在男人的眼里稳固的爱情、婚姻是自己的，但它却不能代表人生的全部。

- **心理导读**

  过分的安全会造成无价值，过分的紧张会造成矛盾，偶尔的小小的紧张和吃醋，会是幸福生活的润滑剂。

  婚姻当中的双方都要学会克己，因为从两个人开始恋爱的那天起，就决定了他们之间必定要互相影响对方，完善自己，修正各自的个性和生活习惯。各人有各人的天地。空间是让婚姻内有新鲜空气流通的最好的办法。有了空间，婚姻就有了成长的天地，能够成长的婚姻才是最好的婚姻。

32. 男人最爱的是那种懂得取悦自己的女人

心理探秘：

☆ 愚蠢的女人靠取悦男人而终被男人厌弃，聪明的女人通过取悦自己来获得男人的真爱。

☆ 幸福和快乐是会传递的，要得到他的爱，先要学会让他快乐。要做到这点，你首先得先让自己快乐起来。一个不快乐的女人，永远给不了对方真正的幸福和快乐。

☆ 苏岑说："取悦男人不如取悦自己，只要你懂得取悦自己，不需要取悦男人，男人自会来取悦你。因为，神秘、独立、自信、自主……是男人，都逃不过这样的女性魅力！"

"我想我真的是个失败的女人，无论我做什么，都不能让我爱的人获得快乐！"

"我为丈夫付出了一切，我还是从他脸上看不到笑容！"

"我沮丧极了，天天依着丈夫的口味做菜，依着丈夫的审美装扮自己，最终还是被他厌弃！"

……

生活中，女人类似于这样的怨言有很多。多数女人，在自己爱的男人面前，都会用委屈自己来换取爱人的快乐！最终，既让自己陷入"不快乐"中，也难让爱人快乐起来。女人的这种自我牺牲精神固然可嘉，但是你却忘了：快乐和幸福是会传染的，你都无法让自己真正快乐起来，如何让你爱的人快乐起来呢？在婚姻中，男人真正爱的是那种懂得自己的女人，这样的女人因为自己快乐，所以，男人也会受传染，也能真正感到轻松和快乐起来。

张杭是一个事业有成的男人，他经历过两次婚姻，现如今正和第二任妻子甜蜜地度过13年之痒。是的，他们的感情历经13年，仍旧甜蜜。

周围的朋友都很纳闷，他的第二任妻子无论是从相貌、气质、能力还是温柔、体贴方面，都远远不如他的第一任太太，可为何能让张杭对她如此情有独钟呢？有位朋友带着这样的疑问问他说："你到底喜欢她什么呢？"

张杭笑笑，说道："因为，前任妻子总是给我煮南瓜粥，而现在的妻子总是给我喝小米粥。"

朋友听罢睁大了眼，说道："一碗粥就有如此大的魔力，能让你对前任厌，后者宠吗？"

"当然有了！"张杭说，"我喜欢喝南瓜粥，而我现在的妻子则最喜欢喝小米粥！"

朋友更是纳闷："真是奇怪！这算什么逻辑？难道前任不该取悦你吗？"

他说："因为我最爱喝南瓜粥，前妻便天天熬南瓜粥给我喝，但是她却平生最讨厌吃甜食，她受不了南瓜的甜味。她每次熬粥，都是为了我。虽然我知道她很是心疼我，但让她讨厌的饮食使她每天都板着脸。而且，每天早上起来，她熬过粥后，都会耳提面命地让我谨记她的辛苦付出，我很明白她曾为我牺牲掉那么多快乐！其实，在我心里，我真心不希望她为我如此付出，尤其是她每次对我说话的那种压迫感，真的让我难受！现在的妻子则不同，她嫁给我的第一天早晨，便熬了一锅小米粥，很可爱地对我说：'我爱喝小米粥，看来今后你要跟着我一起喝它了！'她爱喝小米粥，每次喝完都很快乐。因为快乐，她会心情愉悦地打扫卫生，送孩子上学。有时，还经常在家里哼起小曲，每次我回到家，都会感到一种温暖和快乐。相比起当初的南瓜粥，我觉得现在的小米粥更能让我喝得舒服、喝得快乐。"

这便是男人的真实心声，懂得取悦男人的女人永远比不上懂得取悦自己的女人。所以，身为女人，我们该盘查一下自己，是不是真的做到了用自己的快乐和内心的愉悦去影响自己所爱的人！

心理学家指出，人与人之间，情绪的传递永远是在"照镜子"，你脸上的一切,终归都全反映到对方的脸上。所以,面对你爱的男人,千万别强迫自己去取悦他,因为你的不快乐和不情愿会给对方造成一种心理压迫感。也千万不要委屈自己去换取一个男人的感激涕零,你的委曲求全只会让对方觉得承受不起。

可见,获得男人的宠爱,不是爱他,而是爱自己。只有你真正地获得了快乐,才能让他感到轻松和快乐。真正的幸福和快乐,都是会传染的,同样,内心悲苦、不情愿和委屈,也是会传染的。

> • **心理导读**
>
> 女人取悦自己,其实是学会爱自己,学会善待自己的内心,不被坏情绪缠绕。随性自由、闲适从容,是"悦己"的最高境界。
>
> 懂得"悦己"的女人,很清楚地知道自己真正需要什么、在做什么,也能真实地享受身为女人的温暖和快乐。

 33. 别拿爱去"捆绑"你的男人

♦ 心理探秘:

☆ 真爱上一个人,女人心底会生出更多的惶恐,会日日想一切办法抓住他;真爱上一个人,男人会心满意足、如释重负,然后去做其他自己该做的事。

☆ 恋爱越久,男人越希望爱情成为自己生活中较小的一部分;而越恋越久,女人则希望爱情能越来越变成生活中的更大部分,乃至全部。随着感情的深入,男人会越来越自信,女人会越来越不自信。这是时间给予恋爱男女最不同的礼物。

☆ 不了解男人的女人说,婚姻是爱情的坟墓;而了解男人的女人说,婚姻是爱情的升华。不聪明的女人会用琐碎的婚姻来检验爱情,而聪明的女人则会用美好的婚姻来充实爱情。同时,不聪明的女人会将家经营成囚禁男人的牢笼,而聪明的女人则会让家变成男人疲惫时随时可以停泊的温馨的港湾。

林萍很爱她的丈夫刘辉，为了刘辉曾放弃了在家乡发展的好机会。上班的时候，她每天都要刘辉挂着QQ，自己在公司里的大事小事她总是第一时间给刘辉"播报"；下班后，她总会到刘辉的单位门口等他，两人一起吃饭，每天分别的时候都恋恋不舍。别人都看得出林萍是真的爱刘辉，而对此，丈夫却并不领情。

他对朋友说："我们不在一起的时候，我确实很爱她。可是在一起的时候，我却有点烦她。也不是我的要求太高，我只是渴望有点自己的空间。周末我想去打打球，可林萍却总拉着我去逛商场；晚上下班我想和朋友们侃侃大山，出去喝点酒，可她却要跟着，一会儿不让我做这，一会儿又不让我做那，真是烦死了。"

最终，刘辉便提出了离婚。对此，林萍很不理解，哭得一塌糊涂，她不知道自己究竟做错了什么，苦苦央求着刘辉不要离开她。

可以看出，林萍是深爱着刘辉的，但是她的做法，却让爱成为了一种沉重的负担，压得丈夫喘不过气来，最终只能以离婚告终。

其实，生活中像林萍这样的女人有很多，她们因为过于看重爱情和婚姻，所以，便对男人实施"时时盯紧，步步跟牢"的政策，甚至恨不得找一根曲别针将他别在腰间。于是，男人便失去了自由，爱便成为了"捆绑"男人的绳索，家也就成为了囚禁他的"牢笼"。男人为此郁闷、痛苦，想方设法想得到自由，而女人则还是变本加厉，绞尽脑汁，想尽办法抓住男人，以期抓住爱情。所以，很多结了婚的女人在一夜之间便突然变成了超级间谍，男人从此便失去了以前的自由。要知道，男人毕竟都是讨厌被约束的，你给他披枷戴锁，让他备感"有妻徒刑"的煎熬，那么，他就会每天寻思着如何摆脱这样的囚禁，一旦逮着机会，便会变本加厉地享受自由。

晴宜的老公周建长得仪表堂堂，是个标准的帅哥。周建是一家外贸企业的职员，和晴宜结婚后，因为生活压力增大，便努力工作，不到半年便被擢升为公司的业务副经理。从此之后，周建便比之前忙碌了许多，几乎天天都有应酬。周建开始早出晚归，虽然对晴宜还是像以前一样温柔体贴，但是随着时间的推移，晴宜便开始怀疑：他真的有那么多的应酬吗？

越想越不对劲，晴宜便对周建开始"查岗"。跟踪过几次之后，她看到周建与一群男男女女出入酒楼、保龄球馆、咖啡屋这些地方，就更加不放心了。她开始苦思冥想，终于想出了一个对策。每当周建说有应酬的时候，她便不动声色。当周建出门后，晴宜便会打电话过去，说自己今天得了急病，或者是自己的钥匙忘在了家中，进不去家门之类的……

周建是个很体贴妻子的男人，听到这些消息便会立即回家。回到家中看到晴宜在欺骗自己，他先是苦笑，时间久了便开始愤怒、大吵。但是晴宜却铁了心，坚持自己的做法。这样让周建很多次与客户失约，或者半途退场，生意丢了一单又一单。客户说他不讲信誉，经理见他业绩下滑，也给他降了职。面对此种打击，周建痛苦极了，他没想到，原本温柔可人的爱人，怎么一结婚就变成了这个样子。后来，在压力下，因为周建与一位同事产生了恋情，他们的婚姻也宣告解体。

晴宜无论如何也想不到，被自己紧紧盯牢的丈夫最终还是"走私叛变"了。

无端的猜忌，会让女人的美丽丧失殆尽！晴宜就是因为把丈夫周建盯得太紧，最终让周建逃离了婚姻的围城！

聪明的女人在婚恋场上，不会将男人抓得太牢，而是会选择"放养"的方式。放养是一种放手，而不是放弃，是要有张有弛，亲密有间，不刻意约束，这种方式有益于夫妻间感情的保鲜。而如果你将男人抓得太紧，整天做厮守状的夫妻，双方容易产生敌视与轻视的情绪，从而破坏婚恋的品质。

女人要明白，男人是用来爱的，不是用来管的。再说紧紧地看守，是一件并不省心的事情。与其这样，还不如让他自由地生活，像风筝一般，它飞得再远，最终还是会回到你的怀中。你们之间如果有爱，又有什么好担心的呢？如果对爱失去了信心，再怎么重兵把守，还是留不住他的心。

在婚姻中，如果你能给丈夫充分的自由与信任，他会对你的宽容与大度给予极大的感激，会对你加倍地珍惜，时时想着回家的路。这是经营好你的婚姻和爱情的一个重要方法。

> **· 心理导读**
>
> 《中国式离婚》中有一句经典名言："一个女人想得到别人的爱，你所要做的事情就是让对方爱上自己。"
>
> 要知道，信任是婚姻大厦的根基，将男人"圈养"的女人不只是对男人缺乏必要的信任，还对自身缺乏必要的自信。
>
> 女人要明白，"圈养"男人，囚禁的是男人的身体，也使自己不安心。而学会"放养"男人，解放的是男人的自由和尊严，也使自己安心。这个世界上没有全天候的爱情，所以，还不如顺势给爱情和婚姻一个假期，这样不仅会使你的男人更有魅力，还会使你们的感情时时新鲜，将婚姻持续得更为长久。

34. 婚姻最坚韧的纽带是男女精神的共同成长

🍁 心理探秘：

☆ 在婚姻中，男人最看重的是"恩情"，女人最看重的是"忠诚"。所以，对于女人来说，要获得男人的"忠诚"，先让他感受到"恩情"。

☆ 婚姻的纽带，不是孩子，不是金钱，而是关于精神的共同成长。在你最无助、最软弱的时候，有他托起你的下巴，扳直你的脊梁，令你坚强，并陪伴你左右，共同承受命运。那时候，你们之间除了爱，还有肝胆相照的义气，不离不弃的默契，以及铭心刻骨的恩情。

"我承认，丈夫开始时确实是爱着我的。但没过几年，他好似对我不怎么感兴趣了。照这样下去，感情很快就会熬干，婚姻也持续不了多久！"

"如何才能让婚姻持续得更长久呢？人生那么长，与爱人白头偕老似乎是件很缥缈的事！"

其实，每个步入婚姻中的女人，都有类似的担忧，都渴望自己的婚姻能够长长久久，渴望爱人能够始终如一地爱自己。对于婚姻，女人在乎的是"忠诚"，男人看重的是"恩情"，身为女人，要想让男人对你保持"忠诚"，就要让他对你产生"恩情"，要做到这一点，就要做到在精神方面与丈夫共同成长。

现代社会，多数女人婚姻不幸，就是因为对婚姻抱有错误的看法。那就是，她们认为男人照顾自己是天经地义的事情，是要受到良心和责任的约束的，于是便拒绝成长。在男人精神不断变强大时，自己却渐渐与时代脱钩，最终与男人越来越没有共同语言，使婚姻走向破裂的

边缘。

女人要知道,在婚姻中,男人的责任和良知确实极为重要,但是一定不要夸大它的作用。一对夫妇对婚姻的维系不能够仅仅靠男人的良知和责任,女人自己也要有魅力、才能,让自己的婚姻成为一个活体,而不是在岁月的沉淀中渐渐地死去,成为一个约定。

真正稳固和美好的婚姻就是夫妻双方精神的共同成长,一个人的生命需要成长,两个人的婚姻更需要成长,也就是说一个人能够喜欢自我而不惧怕衰老,是因为她始终在成长,她有能够与时光抗衡的武器,她有足够的自信心,直到自己的生命开出花来!

刘晴和张翔结婚有十几年了,但是两人的关系却仍旧像恋爱时那样甜蜜。在生活中,他们相互尊重,相敬如宾。每天晚上,张翔都会回家做刘晴最爱吃的饭菜。晚上两人散步的时候,张翔总是挽着刘晴的手。这让周围的朋友都煞是美慕,许多女性朋友都纷纷向刘晴讨教婚姻保鲜秘方!面对朋友们的一再追问,刘晴只是笑着说:"我们的关系之所以那么要好,是因为我们都在一同追求精神上的成长!"

原来,张翔在年轻的时候很是贫穷,刘晴嫁给张翔后,就全力支持丈夫创业。她为丈夫出谋划策,为他解决种种业务上的难题,两人都在不断的摸索中共同承受生活给他们带来的风风雨雨。经过十几年的打拼,丈夫的事业终于有了起色,而刘晴也成为丈夫身后那个最伟大的女人。

每个女人都渴望拥有像刘晴那样的婚姻,然而我们在羡慕她的同时,也要懂得她所付出的努力。在全力支持丈夫创业的过程中,她和丈夫的精神层面得到了共同的提高和成长,他们之间除了爱,还有肝胆相照的义气,不离不弃的默契,以及刻骨铭心的恩情。

其实,爱情很多时候也是一种义气,不光说你的丈夫患了重病,或者破产了你仍旧对他不离不弃,还有另一种意义是,当他在精神上感到困惑、痛苦时,甚至在你身上发脾气时,你仍旧相信他是爱你的,并能以一种包容的态度去安慰他、体谅他，并且与他共同承担事业上和生活中的磨难、波折，在这期间，你们都可以获得强大的精神力量。当你们真正走过那一段路途时，回过头，他便会时时地对你心存感激之情。

所以，女人要想拥有美满幸福的婚姻，那就学着和丈夫共同去承担生活的重担和事业上的风雨，在他精神上得到成长的同时，你也与他一起共同成长，那么，最终你可以从他那里获得意想不到的收获！

- **心理导读**

  女人要与丈夫保持精神的共同成长，关键是要有自己的梦想和事业，做独立自主的自己。

  女人不要为任何人打扮自己或者把自己搞得不修边幅，要尽量每天都把自己装扮得干干净净、漂漂亮亮。美丽，也是对自己的负责，能让自己保持长久的魅力。

35. 别让"虚荣"毁了你的幸福

🍂 心理探秘：

☆ "虚荣"是颗毒瘤，会慢慢地吞蚀掉你的幸福，毁掉你的婚姻。

☆ 如果有一个男人肯保护你、善待你，这是一种幸运。但是这种保护往往又剥夺了你成长和增加人生智慧的机会。如果有一天，他要放开你的时候，你将很难独立在这个社会中生存。

☆ 懂得接受命运的安排，但是更要懂得自己创造自己的命运，不要相信一个男人的赏赐，自己的独立和圆满才是重要的。先学会独立地面对世界，再学会去爱别人。两个相对独立的人互相搀扶，才是婚姻的本来面目。

何谓"虚荣"？"虚荣"即为表面上的光彩。虚荣心是指追求、爱慕

表面上光彩的思想、心态、观念和意识。一个人如果追求表面的光彩，只能得到一时的满足，会将自己的心拖入永久的疲惫中。

生活中，多数虚荣的女人，都期盼自己的工作一定要比别人好、工资要比别人高、升职要比别人快、衣服要比别人贵、房子要比别人大、吃的要比别人讲究、用的要比别人高档……可是要样样都比别人好，就必须要付出更多的努力。如果一个人将所有的精力和时间都浪费在没完没了满足虚荣心之中，带给她的只能是心情越来越紧张和焦躁，感觉越来越累，快乐也会越来越少。久而久之，也会让男人自尊心受挫，使对方对你产生厌恶感，你的婚姻就很难有幸福了。

朱晓与丈夫刘翔刚刚结婚不久，就经常会因为她的一些小"虚荣"而产生争吵。

原来，刘翔只是一个普通的工作人员。前几天他的岳父过生日，做总经理的大姐夫就送了他一块高级的劳力士手表，开公司的二姐夫给岳父献上了1万元现金，而刘翔只送给岳父价值500元的保健品做贺礼。为此，朱晓回家就与丈夫大吵大闹，说送的礼太薄，太丢人了，还大骂刘翔太过小气。对于此，刘翔烦恼极了，认为妻子太爱面子了，凡事都爱和他人攀比。比如，周围的哪位朋友买了化妆品、买了什么名贵的服饰，她就一定要拥有。买了之后，也穿不了几次，是在白白地浪费钱！

刘翔觉得，作为一名普通的工作人员，摊上这么一个爱慕虚荣的女人，简直是太过"恐怖"了！

有人说，女人是现代都市一道亮丽的风景线，因此，如果没有女人间的争奇斗艳，风景又如何会"亮丽"呢？然而，假如不考虑自身的各种条件，就像朱晓一样，盲目攀比，那就过于虚荣了。这种过分的虚荣会使那些像刘翔这样非"财大气粗"的男人精神紧张，甚至为此不堪重负，用刘翔的话来说，爱攀比、好虚荣的女人简直太"恐怖"了。

其实，攀比是人性中最为普遍的一种心理。每个人内心都有不同程度的攀比心理，然而，对于男人来说，攀比一定要根据自身的经济实力做基础，否则就是虚荣。在男人看来，那些爱攀比的女人，多数都是虚荣的。男人会觉得，这个女人和我在一起并不是为了"我这个人"，而是为了"我"以外的许多物质上的东西。这种女人的眼睛总是盯着别处，而忽略了自己所拥有的，忽视了自己所拥有的幸福。

在恋爱的时候，虚荣的女人会与他人比谁的男友更帅气、更阔气、更浪漫。结了婚，更要比老公的事业、比车子、比房子，还要比孩子，所有可以比的都会拿来比一通。当她的要求得不到满足的时候，她就会指着男人的鼻子大骂："真没出息，我当初怎么嫁给了你！"这样是在打击男人的自信心，会让男人的尊严扫地，这样的女人，只会让男人望而却步！

如果你是一个这样的女人，就一定要弄明白：世界上没有一个男人可以做到完美，你的虚荣心会给你的男人造成巨大的心理负担，也是在损害男人的尊严，长此以往，你也会亲手毁掉自己苦心经营的爱情！

其实，每一个女人都是都市不可多得的亮丽风景线，女人要学会怡然自得，不跟风、不比较，做一个快乐、知足的"小女人"。这样给男人带来的不仅是轻松、快乐，还会让男人觉得你肯与他一起过"苦"日子，从而会对你心存感激，会更加疼爱你，也更愿意去努力创造更好的生活！

在这方面，刘娇就做得很好。

刘娇与丈夫结婚有6年了，还能恩爱如初。丈夫平时只是做一些小生意，无论挣多挣少，她从来不与别人比较。即便是别人在某方面比她占优势，她也不会与别人攀比。

同事刚买了时下最流行的名牌包包，朋友就劝她守着那么能干的老公也应该买几件，赶赶时髦。而她却说："衣服是身外之物，再漂亮的包包也填不饱肚子。如果处处与他人比较，为了外在的虚荣而与他人进行比较，即便家中再有钱，也会被挥霍尽！"

看到同事家住上了别墅，开上了宝马，孩子送出国留学，丈夫则开玩笑似地说道:"你怎么不骂我没出息呢?"刘娇则说:"人家住豪宅,开宝马奔驰,我总不能与人家较劲,逼囊中羞涩的你跳楼吧?人家孩子跻身贵族院校,出国留学,咱难道也要咬牙切齿、倾家荡产去送孩子到一个语言不通的国度去挨饿受穷?"

老公听了,很是感动,觉得有这样知足的老婆是自己一辈子的福气。

常言道:"人比人,气死人。"《白雪公主》里的王后,因为总是与最漂亮的公主比美丽,一个本来世间第二的大美人,直接就变成了一个恶毒的巫婆,令人生厌。女人要明白,上帝对每个人都是平等的,与其在攀比中让自己变得不快乐,给男人制造烦恼、压力,不如面对现实,积极、乐观一点,用爱去激励男人,让你在感受到快乐的同时,也牢牢地抓住了男人的心。

内心淡定的女人,无论处于什么样的生活环境中,都会认同自己。因为她们知道,只有认同了自己,才能带给男人最大的轻松和快乐,才能让男人认同自己的存在。她们知道,盲目的攀比只会增加自己的虚荣心,不仅不能带给自己幸福的状态,还会置自己于痛苦之中。这样的女人总是非常看重自己的现实,喜欢自己所喜欢的,不会因为物质上的多寡而迷失自己,将所有的罪责都扣在男人头上。她们总是善于欣赏自己所拥有的,以一种知足的快乐让男人深爱她们!

> **· 心理导读**
>
> 身为女人,如果你爱他,就不要没完没了地比较,而是用包容、体谅、尊敬来维系你们的关系。多在别人面前称赞你的另一半,称赞的时候别忘了给他投一个崇拜、肯定的眼神。他不仅会非常高兴,而且以后在他的朋友面前也会给你很高的评价。当一个威风凛凛、自信的男人的心紧紧系在你的身上,毫无疑问你就是最让人羡慕的幸福女人。

Part2　社交心理：
读懂人，做对事，打造你的好人缘

　　一个拥有好人缘的女人，必然是能读懂人，并能做对事的聪明女人。无论在何种场合，懂心理的女人往往触觉是细腻的，感觉是敏感的。她们知深浅，懂进退，善于解读别人，更善于更正自己的行为，从而打造良好的人缘。

先寻觅到"心声",再收获好人缘

> 心理学是一门观察人类行为并通过实验分析人类心理活动的学问。而人类的行为模式和思维倾向都有"趋向类同"的特点。为此,聪明的女人,会通过对这种心理学知识的学习和研究,弄清楚别人在想什么、想做什么,然后再做出让对方感到贴心的举动或行为,与他人构筑良好的人际关系,获得良好的人缘。

36. 读懂男人的隐秘心绪:与异性交善的秘诀

♦ **心理探秘:**

☆ 在女人面前,男人都想做英雄。尤其是在弱小的女人面前,很多男人都会心生怜惜,从而产生保护欲。

张荣是一家保险公司的销售员,她已经两个月没有与客户签单子了,这让她很是着急。

这一天,她来找一家企业谈签单的事情,客户以开会的理由推托。张荣一直在公司的走廊上等候。

在下午快下班的时候,终于看到老总从会议室出来了,她面带微笑,说自己已经等了一整天了,中午饭都没吃,并乞求他能给个机会聊一聊。

那位老总看她态度诚恳,而且面色苍白,显然是中午没吃饭,一直饿到现在。于是,他的心一下子软了下来,就勉强将张荣让进办公室里。

在谈话中,老总问张荣:"这么努力啊,还真没见过像你这么拼命的业务员!"

张荣微笑了一下说:"不拼命是不行了,孩子生病住院3个月了,急需要用钱……如果这个月再不签单,家里的生活可能也维持不下去了!"说着,眼中便泛起了泪花。老总看到她的样子,也不好再说什么了,随即便与她签了合同。

女人在与男人交往时,一定要放下自己的姿态,切勿表现出一副强大且咄咄逼人的气势。否则,很难获得男士的信赖和好感。一个真正富有智慧的女人,一定是懂得示弱的:当工作遇到挫折时,她们不会硬拼强攻,而是会暂时放下,让自己的心静下来后,再想办法解决;当与人发生矛盾时,也不会强硬,而是懂得用宽容和大度取得和解;当与家庭成员发生冲突时,会主动示弱,达到和解的目的。

曾经听过一位男性朋友讲述了他与"弱者"过招的经历:

当时,电视台邀请他与某女士同时参加一个互动节目。在商量表演方案的时候,那位女士说了一句:"我觉得你很有主见,我都听你的。"就这么一句话,这位男性朋友当场就被"制伏"了。于是,他思想前后地出主意,他整个人完全被那位女士的赞美给收服了,也同时被这位女士的迷人气质给迷住了。他觉得,那一刻自己变成了强者,而那位女士则始终都以弱者的身份在调配着他的方案。

一个女人如果处处强势,那么无异于是在挑战男人的尊严,当男人的力量和威信在女人面前变成了空气,那他还会对你产生好感吗?

比如，在家中，当你的男人做错事的时候，不要非抓着他的小辫子不放，让他当面跟你赔礼道歉，承认错误，那就错了，这样只会激怒男人，让他为了自尊而强词夺理。与其这样，不如以宽容之姿后退一步，这样的"退步"会让男人对你充满感激，家庭和谐。

- **心理导读**

　　要提醒女人一点，示弱是讲究条件的。示弱，说的是在原则性的问题上坚决不能够妥协，在无谓的争执上要退让一步，在需要男人帮助的时候说一声，不要什么事情都争强好胜。千万不要傻到把软弱当成了示弱，在男人面前摇尾乞怜，事事依赖着男人。换句话说，有些事你会做，但你不一定非要去做。把那片伟岸的天空交给男人，你悄悄地退后一步，看似是男人得到了天下，殊不知你才是背后最大的赢家，因为你赢得了他的心！

37. 让一个人喜欢上你，只是半分钟的事

♦ **心理探秘：**

　　☆ 很少有人知道，其实，人与人之间的交流，在他们还未开口谈话之前就开始了。人与人之间最起初的交往，是从印象、眼神和肢体语言开始的。

　　☆ 从心理层面上说，让一个人喜欢上你，只是半分钟的事。所以，面对这关键的30秒钟，你要把一切能让人在瞬间对你产生好感的肢体语言做到位：准时、目不斜视、展露微笑。

　　"让别人喜欢上我，可是分分钟的事！"

　　"不就是让人产生好感吗？看我吧，一分钟就能搞定！"

　　……

生活中，一些自命不凡的人总是会这样夸耀自己。分分钟、一分钟就能搞定，时间显得有些长。从心理层面上讲，让人喜欢上自己，只是半分钟的事。也就是说，与人初次见面，能否获得对方的认同感和信赖感，只取决于前30秒钟。要在这么短的时间内获取对方的好感，我们主要该做些什么呢？

守时，并尽可能做到早到。如果你真的很重视你与对方的洽谈或交涉，那么初次与对方见面，一定要守时，并尽可能地做到早到。一个比自己先到约会地点的人，一般人都不会讨厌，这既是对对方的一种尊重，也是在告诉对方：看吧，我比你早到，说明我比你更重视这次合作或洽谈。反过来，这无形中也让对方产生一种心理压力：她确实比我早到，真的不好意思。接下来，对方为了弥补自己内心的愧疚，便会很容易在洽谈中做出让步，或者很容易答应你的请求。

眼神要坚定，视线要尽量直视对方。心理学家指出，人与人直视时，谁的视线先移开，说明其内心并非集中在一个点上。如果与陌生人见面，你的目光先移开，表明你对对方产生了怀疑甚至不信任感。这会让对方马上感到一种心理上的压迫感，进而会想："他是不是对我已经产生不信任感了，对我的话是不是不感兴趣了？"要知道，每个人都喜欢与那些能"认同"自己的人交谈，你首先移动的视线，会让对方对你的印象大打折扣。

用积极的姿态敞开你的心灵。向对方"敞开心灵"实际上是一种"内功"，要成功地做到这一点，必须首先拥有正确的积极态度。

首先，你要自信、肯定自己，但不能狂妄、过分。其次，你要敞开自己的心扉，愿意让别人看到真实的自己，用外向、开放的态度和别人交流。

这时，你一定要注意：不要用手或胳膊遮挡心脏所在的部位，这样会下意识地表明："我的心是秘密的，它只属于我自己。"这种肢体语言，容易让他人产生距离感。另外，如果有可能，你还可以试着解开大衣最上面的扣子,因为这是一种"开放"的表示。

微笑。对一个女人来说,在交际场合,微笑显得极为重要。初次见面,你的微笑一定要真诚,让人感到心安。千万不要皮笑肉不笑,让人对你产生疑虑。一般来说,你的笑容一定是从内心发出来的,笑是敞亮的,通透的,是光明磊落的,不要让人在心理上产生负累感。如此这般,你便可以赢得他人的好感。

在30秒钟内,只要做到这几点,就可以建立起你在别人心中的良好印象了。很多时候,这30秒内,你对他人产生的印象,会决定一生中他对你的看法。

• **心理导读**

美国心理学家洛钦斯曾提出了"首因效应"这个概念,指人在第一次见面时给他人留下的印象,将会对以后产生直接且深远的影响。而一个人在他人心中印象好坏的产生,主要由其体态、姿势、衣着、打扮等决定,这些能在一定程度上反映出这个人的内在素养和其他个性特征,无论你如何刻意修饰自己,举手投足间都能"出卖"你的修养,总会在不经意间"露出马脚",这主要是因为一个人的文化浸染是完全装不出来的。所以,女人要想在他人心中留下良好的印象,平时的文化浸染和修养至关重要。

38. 让不喜欢的人喜欢上你

♦ 心理探秘：

☆ 让不喜欢的人喜欢上你，与其对他说："嗨，我能帮你做点什么？"不如尝试着说："嗨，你能帮我做点什么吗？"

☆ 有时候，适当给别人找点"麻烦"，并且快乐地接受别人的帮助，正是打开对方心灵的钥匙，也是拉近双方距离的红线。

☆ 想让排斥你的人喜欢上你，靠的不仅仅是单方面的付出，靠的是双方情感的互动。这个时候，要扭转局面，就要学会给对方制造点"麻烦"，引导对方为你付出，这是撬开他"心理关卡"的关键！

"如何才能让不喜欢的人喜欢上我？"

"他已经不喜欢我了，如何才能扭转自己在他心中的形象呢？"

……

这是很多女人的困惑。生活中，这确实是个比较棘手的问题。对此，很多女人都会这样做：别人不喜欢我，我就使劲地对别人好，用真诚来打动他。这确实是个不错的方法，你的真诚固然能打动人，但不是最好的办法。

要知道，很多时候一个不喜欢的人，即便你付出再多，也很难赢得对方的心。畅通和谐的人际关系讲究的是两人情感的互动。即两人互相间的付出，才容易赢得最真挚的情感。为此，在交际场上，聪明的女人会故意制造出一些"麻烦"来，引导对方为她付出，这样便可以轻而易举地撬开他的"心理关卡"，从而赢得对方的喜欢！

办公室里，新的搭档不喜欢你，你可以瞅准机会可怜巴巴地哀求她

说:"我的电脑出了点小毛病,你可不可以帮我看看?"

婆婆不喜欢你,你可以甜甜地对她说:"昨天,我听老公说,婆婆煮的鲫鱼汤超好喝,我听得都流口水了,我也好想尝尝那种美味啊!"

闺密的朋友不喜欢你,你可以说:"你这套衣服真漂亮,在哪里买的,改天可不可以带我去啊?"

当他们禁不起你充满了乞求和渴望的眼神,勉为其难地答应下来时,你就该偷笑了,因为你已经成功地撬开了他们的"心理关卡"。

有一次,一个推销员拜访一个成功的推销大师,并向他请教:"您为什么会取得如此辉煌的成就呢?"成功人士回答:"因为我知道一句神奇的格言。"

推销员忙问:"什么格言?您能说给我听吗?"结果,推销大师说了一句让他大吃一惊的话:"这句格言就是:请帮我一个忙好吗?"

推销员不解地问:"你需要他们帮助你什么呢?"

推销大师回答:"每当遇到我的客户时,我都向他们说:'我需要您的帮助,请您给我介绍3个您的朋友的名字,好吗?'很多人都会答应帮忙,因为这对他们来说只是举手之劳。"

很多时候,一句"我需要你的帮助",可以轻易地撬开他人的"心理关卡",获得他人的好感。

由此可见,要想做一个有良好人缘的魅力女人,极为重要的一点就是学会适当地制造点"麻烦"出来,让对方在帮忙的时候,从心理上彻底接受你。

心理学家指出,仁慈心、同情心是人类情感世界中最基本的组成部分,每个人都有同情弱小、怜恤受难者的仁慈感情,这是人的本能,也是人性中的闪光点。这种同情心,可以照亮世界。

生活中,一些女人会出于高傲的心态,害怕被别人"麻烦",这其实是拒绝自己的世界被照亮。还有些女人,生怕欠别人的情,所以不肯接受别人的帮助,这自然也不利于她们与别人交流。

很长一段时间内，人们一提到人际关系，都主张要多帮助别人，肯为别人帮忙，因为到了"关键时刻"才能向别人求助。其实，快乐地去让别人帮助你，让他人参与到你的世界中来，也是你获得良好人缘的好方法。

> • 心理导读
>
> 　　大方自然地去"麻烦"别人，获得别人的帮助，其实正是增进双方感情的好办法。毕竟，同情心、仁慈心是人类的本性，如果你总不好意思去麻烦别人，或者拒绝别人的帮助，这等于伤害了别人的自尊心。
>
> 　　有位哲人说过："给予比获得更令人感到幸福。"所以，你要勇敢地把"麻烦"别人的"幸福"给别人，让别人知道，你"需要他们的帮助"，这也是获得良好人缘的方法。

39. 用"呼名唤姓"打开他人心扉

◆ 心理探秘：

☆ 名字，是人最重要的一张身份证件。你记住了对方的名字，能对他呼名唤姓，说明你在心中已经完全认可了他这个人，这是对对方最大的尊重。

☆ 每个人都是极为重视自己的名字的，科学家常会用自己的名字为自己的发明取名；企业家爱用自己的名字为商品命名。在与自己不太熟悉的人交往时，如果能记住对方的名字并轻松地叫出来，就等于巧妙而有效地给对方以尊重，让对方能感觉到自己被你重视，也就很乐于与你进一步交往。

外贸推销员张婷曾经遇到一个名字非常难念的外国顾客。她叫杰夫玛莉·芙莉迪安娜，别人都记不住她的名字，所以通常都称她"玛莉"。而张婷在拜访她之前，特别用心地反复读了几遍她的名字。

当张婷见到这位女士后，面带微笑地说："早安，杰夫玛莉·芙莉

迪安娜女士。"

"玛莉"简直是目瞪口呆了。过了几分钟,她都没有答话。

最后,她张大了嘴巴,热泪盈眶地说:"张婷女士,我在这里生活了23年,从来没有一个人用我的本名来称呼我。"当然,从此以后,杰夫玛莉·芙莉迪安娜便成了张婷的顾客。

张婷用"呼名唤姓"的方法打开了客户的心扉,也为自己的产品打开了一个销路。事实证明,能够记住对方的姓名,不仅是与人交往的最基本的礼仪,也是使对方产生良好印象的最好方法。所以,身为女人,如果想在交际场上赢得主动,学着记住对方的姓名吧,这是不能忽视的"小节"。

要知道,"被他人认可和肯定"是人最基本的心理欲求。我们在与不熟悉的人交往时,如果你能够记住对方的名字并能轻松地叫出来,就等于给对方以最大的肯定和认可,很容易赢得对方的好感。其实,在交际场合,记住对方的名字,是对别人的一种尊重和重视,也是一种文明的体现。所以,聪明的女人在与别人交谈时,会在恰当的时候称呼一下对方的名字,这种不经意的行为,会迅速地拉近彼此间的距离,尤其在与不熟悉的人打交道时,很是有效。

卡耐基曾经说过,一个人的姓名是他自己最熟悉、最甜美、最妙不可言的声音,在交际中最明显、最简单、最重要、最能得到好感的方法,就是记住人家的名字。所以,记住并记全对方的名字是你打开对方心扉的第一步。可能会有人认为这是小题大做,但不可否认的是,现代社会中人人都渴望被尊重、被重视和被承认,要让对方有被重视的感觉,同时使自己赢得对方的好感,你所做的只不过记住一个名字,没有比这更简单的事情了。

但是,有些女人会说,我每天都面对那么多新面孔,要记住别人的名字是极困难的事。当然,要记住别人的名字,也是有技巧的。法兰西国王拿破仑三世,曾经运用"征特法"即结合他人的外部特征,比如身高、外形、穿着特点、语言、外貌等特征,在心中做一个轮廓式的记忆，然后再结合其名字，那就显得简单多了。另外，一个人除了相貌上的特征，每个人都有其他方面的特征，比如，说话的语速或语调，以及手势动作等，还有其口头禅等，如果你能把这些特征和名字联系在一起，那么，名字自然就很容易被你记住了。

有些女人会用"死记硬背"的方式去记名字，对此，心理学家认为，"形象记忆"要比死记硬背有效率得多。女人可以学习并运用这种"特征法"，将每个人的名字记于脑中。当你与他们又一次见面，能呼名唤姓时，那么，你收获的不仅仅是惊喜，还有机会。

> • 心理导读
>
> 　　聪明的女人，在交际中不仅会记住他人名字，也会巧妙地在他人面前重复自己的名字，强化他人对自己的印象，以让对方记住自己。作为一个上进的女人，不要总是谦虚地说："我的名字不值一提。"没有不值一提的名字，只有不值一提的人。如果你不想做这样的人，就该把自己的名字报上去，让别人记住你。

40. 眼神制胜法则：将"自信"藏在"眼语"中

♦ 心理探秘：

☆ 每个人都有自己的"心灵之窗"，读懂它，是征服一颗心的首要功课。

☆ "一个眼神表达了1000多句话。"从医学的角度来看，眼睛在人的五种感觉器官中是最为敏锐的，所以，它被称为"心灵的窗户"。为此，我们观察一个人时，首先就要看其眼神。

☆ 一位心理学家指出，眼镜，是很好的缓解社交情绪的镇定剂。因为眼镜可以制造出一种距离感，距离感便是安全感。与人面对面之时，多了一道护卫的屏风，就会觉得踏实多了。

"在与一个完全陌生的人交流时,你敢不敢直视他(她)的眼睛?"

对于这个问题,多数女人可能都会不假思索地脱口而出:"当然敢了!那是件极容易的事啊!"

果真敢吗?恐怕很多女人只是口头上说说罢了,真正实施起来时,就会打折扣。

心理学家指出,人与人之间的交流,起决定作用的不是你的嘴巴说了什么,而是你的眼睛说了什么。一个拥有坚定目光的人,除了让人感到踏实和信赖外,还给人一种宽度,一种涵纳一切的包容力。在社交场合,如果你拥有充满自信的坚定的眼神,那么,你就很容易打动对方的心,也意味着你离达成社交目标不远了。

在与人交谈时,如果你对面的人比平时更快速地眨眼睛,同时不自觉地左顾右盼,那就说明你的眼神出了问题。或许,此时你没有直视他,也许你的眼神开始不自觉地游离……总之,这种神情让他对你产生了不信赖感。相信,此番分手后,他对你的评价一定不高,你们的合作或者洽谈一定不会很顺利。当然了,你的这种让人产生怀疑的眼神,主要是由你"不自信"的内心造成的。

心理学家认为,如果一个人是个志得意满的自信者,他的眼神里自然会流露出一种定力,而这种定力是一种非常吸引人的气质,能把更多的合作者吸引到自己身边,从而真正地迈向成功。

在社交场合,多数女人在面对机会时,经常表现出的是眼神游离,这是不自信的表现。其中的原因在于缺少一种"内修力"。这种"内修力",既包括坚持不断地提升个人能力的毅力,也包括一种"心力"的培养。一个人如果缺乏这种自信的力量,就很难得到他人的认同。

柳梅大学毕业后,去参加某公司的面试。当时,在150个综合管理职务中,只录用2名女性,为此,她成功的难度非常大。当面视官直视着问她:"这样的工作你行吗?"柳梅则坚定地回答:"我能行!"并且用坚定的目光望着对方。

话音刚落,柳梅又不好意思地"坦白"了:"我说'我能行',完全是没有根据的。但我并不是要故意说谎,在面试的时候我一直都说'我能行'。"

面试官笑了,他说道:"哎呀,这个我是知道的呀。重要的是你的热情和你身上有某种闪光的东西。至于实力,在以后的工作中慢慢积累就可以了。"

于是,柳梅成功地被这家公司录用了。

可以想象,面试官所说的"某种闪光的东西",就是柳梅身上所表现出的自信、高度的热情以及坚定的目光,这便是"成功者的神情"。这是赢得对方信赖的基础。

在许多成功人士眼睛里,我们都可以看到其坚定的目光,那是一种巨大的力量,源自超凡的自信心。

所以,身为女人,无论如何,都要强迫自己坚定地直视对方。因为这种"眼语"中藏着你的自信,它是一种力量,彰显着你的"软实力"!

- **心理导读**

  眼神中写着一个人的心理秘密,当一个人的瞳孔缩小,还露出刺人的目光,则表明其对你的话或行为表示反感与仇恨。相反地,当对方睁大眼睛则表示其具有同情心和对你怀有极大的兴趣,或者对你表示赞同和好感。

  当对方眼神异常镇定,不慌乱,则说明对方对要做的事情胸有成竹,胜券在握;如果对方眼神迷离,不能长时间注视一个地方,则说明其遇到了极大的困难,急需要别人帮助他解决问题。

  当对方眼神犀利,说明对方正在深入地考虑一件与他个人关系极为密切的事情。这时候,你最好不要打扰他。

  如果对方眼神极为萎靡,说明对方处于疲惫的状态之中。这时候,你最好不要触及令他厌烦的话题。

41. 社交姿态要摆正：甘做学生，不做老师

♥ 心理探秘：

☆ "学生姿态"的女人更容易成为交际场上的"大明星"，"老师风范"的女人只能年复一年地让人生厌。

☆ 法国哲学家罗古法古说："如果你要得到仇人，就表现得比你的朋友优越吧；如果你想得到朋友，就要让你的朋友表现得比你优越。"

☆ 老子说："良贾深藏若虚，君子盛德，容貌若愚。"意思是说真正精明的商人是不会让他的财富显露出来的，一个有修养的君子，内藏道德，但外表看起来好像是愚蠢迟钝的。这句话就是告诫人们，在社交中，不仅要摆正姿态，还要摆正态度，切勿尽露锋芒，要收敛锐气，如果过分地将自己的才能让人一览无遗，只会招来他人的忌恨。

女人要赢得良好的人缘，首先要摆正你的交际姿态：甘做学生，不做老师。要知道，在社交场合，每个人都有得到别人的尊重与认可的心理欲求，而"做学生"是满足对方这种心理欲求的一个重要方法。也就是说，在与人交往中，智慧的女人会真诚地做"学生"，诚恳地向对方请教问题，并且认真聆听对方的"教诲"，而不是做一个指手画脚的"老师"，处处伤人自尊，惹人生厌。

俗话说，越是锋利的宝刀，越不可轻易地出鞘，如果自恃削铁如泥而不善加保护，不但锋芒会被磨损，更容易招惹祸患。在与人相处中，真正有魅力的智慧女人，时刻都会保持谦虚、谨慎的作风，以别人为师，甘做学生，从而赢得良好的人缘。

长相漂亮的刘华毕业后就在一家保险公司当销售员。依照公司的规定,试用期间每个人都必须要拉到至少一位客户,否则,就要被解雇。但是,刘华因为刚离开学校不久,又没有社交关系,在试用期快要结束时,她还没完成任务,就在她心灰意冷之时却出现了奇迹。

一次,她去拜访一家公司的客户部经理。刚开始对方看到刘华后,脸上就露出了不悦的表情。对此,刘华心里顿时感到惴惴不安,不知道如何开口了。这时她猛然发现经理的桌子上有一个牌子,上面写着"尉迟涛"三个字,刘华猜测这可能是经理的名字。她想:"如果以这个名字找话题,应该能打开话题!"

于是,刘华问道:"您知不知道李世民发动玄武门之变时,功劳最大的那位名将是谁?"经理愣了一下,说:"知道,是尉迟恭。"刘华说:"你们是一个姓,当然会知道他叫尉迟恭。我以前可尽出丑了,老叫他尉(wei)迟恭。"

经理笑了:"这也不能怪你,十人中有八个人都会这么读错。"

刘华说:"是啊,虽然这个姓有点特别,但是,我听说,历史上姓尉迟的名人有很多啊,您知不知道都有谁?"

这一来,就打开了话匣子,两人就开始兴致勃勃地聊了起来。最终,尉迟经理就与她签了约。另外,他还为她介绍了其他的客户,借此刘华的业绩便一升再升,最近还升了职。

聪明的刘华真诚且谦虚地以学生的姿态向对方请教问题,大大满足了对方"被需要"的心理,最终顺利地与对方签了保单。由此可见,甘做学生的谦虚姿态,是你赢得良好人缘的法宝。

社交场合,每个人都希望得到对方的尊重和重视,如果你总是摆出一副"老师"的架势,对旁人指手画脚,说三道四,无疑是让对方失面子。可以试想:谁会喜欢一个恃才傲物的自负者?为此,女人在与周围的朋友相处或交流时,要放低姿态,去顾及对方的面子,这样才是对朋友最起码的尊重。

人际交往中,谦虚的女人恪守的是一种平衡关系,即周围的人在对

自己认同的基础上让彼此都能达到一种心理上的平衡,这样的女人无论在任何情况下总是会保持一种"学生"姿态,不会让他人感到卑下与失落。非但如此,她们还会在适当的时候让他人产生优越感,使对方得到一种心理上的满足,从而使其消除对自己的戒备,使他人更乐于与她合作。

• **心理导读**

甘做"学生"的人实际上是"大智若愚"的,表面上看上去谦虚、低调,事实上却是极其聪明,对工作极为认真的人,很容易就能得到朋友的信赖。因此,我们在与朋友相处过程中,一定要尽力地保持低姿态,这更有利于自己在第一时间树立良好形象。

42. 好运总是偏爱那些爱笑的女人

♦ 心理探秘:

☆ 但凡那些人见人爱的女孩子,大多有一副天生亲和的笑模样!她对世界笑得甜蜜,世界自然会还她一段甜蜜蜜的人生际遇。

☆ 微笑是谁都无法抗拒的魅力,微笑的力量超出你的想象。养成微笑的习惯,一切都会变得简单。难怪有人说:"如果你长得不漂亮,就让自己有才华。如果才华也没有,那就总是微笑吧!"

☆ 世界名模辛迪·克劳馥曾说过这样一句话:"女人出门时若忘了化妆,最好的补救方法便是亮出你的微笑。"毫无疑问,微笑能够弥补一个女人的所有不完美。一个微笑的女人,她的微笑就是最好的沟通语言。

常常听女孩子自悔:"都怪我,好好的一单生意,我却把它搞砸了!如果我不那么紧张,如果我不是那么自语无措,我一定会抓住那个难得的机会!"

很多年轻的女孩会把自己社交失败的原因归结为笨嘴拙舌,甚至很多人觉得"社交"的全部内容就是伶牙俐齿。

其实,大错特错!

伶牙俐齿的确是获得交际成功的重要砝码,但仅仅伶牙俐齿的女人,不见得都会受到欢迎。但凡受欢迎的女孩子,都有一个特点,那就是天生有一副亲和的笑模样,有事没事就咧着嘴笑的。所以,如果你在交际场合总是碰壁,那么,你要反思的不是你的说话水平,而是该自问:是否能向人展示自己的亲和模样,是否爱笑呢?

一位心理学家说,如果你还有一小时,你要去见一生中最重要的人,那么,静下心来,找一面镜子。然后,对着它,练习微笑。可见,一张笑脸对于人际交往、个人事业来说是多么地重要。

好运总是偏爱那些爱笑的女人。美国"微笑之城"爱达荷州波卡特洛市有一个奇特的法令:凡在公共场所愁眉苦脸的人,一律要被送到"微笑站"进行再教育,直到学会微笑才让他离开。许多企业的老板宁愿雇用一位中学未毕业却有着迷人笑容的女雇员,也不愿意聘用一个满脸"尊严"的博士。而服务行业则把微笑的作用夸张到了极致,他们认为"微笑服务"能使顾客盈门、生意兴隆、招财进宝。而事实确实证明了这一点。

刘晓在一家出版公司担任办公室主任,她所在的办公室兼具行政管理、后勤管理、人事管理三大职能,其工作的繁忙与琐屑程度自不用说。

说起刘晓的前任,无论是从学历、经验还是从工作态度和魄力上来说,都不比她差,甚至有些地方还超过了刘晓许多,但最终工作做了不少,却始终得不到同事和上司的认可。大家都觉得她很是傲慢,最后被迫离职。总结前任失败的教训,刘晓得出一个结论,那就是要有一张笑脸。

刘晓深知：出版行业的竞争异常激烈，广告业务员的工作压力极大，他们最希望自己的工作能够得到公司的理解和支持。如果他们在与各种各样的客户周旋之后，能够在公司见到一张亲切、充满鼓励意味的笑脸，心中一定会充满浓浓的温情。面带微笑的人总是在向同事传递这样一条信息：我很欣赏你，信任你，我愿意成为你的朋友，我们一定会合作得十分愉快。现在，无论工作有多重、多烦琐、多让人心烦，刘晓却从不表现在脸上，而总是保持一副十分和蔼亲切的笑容。她拟定的"绩效考评措施"在公司内部得以顺利地实施，公司的业务量因此也明显提升了许多。而刘晓本人更是受到了公司全体员工的欢迎。

由此可见，微笑是女人获得好人缘的"通行证"，是赢得他人喜爱的"护身符"，带给人的是如沐春风的感觉。真诚的微笑透出的是善意、温柔、接纳，更是一种自信和力量。所以，如果你不是一个善于言辞的女人，那就学会微笑吧，恰到好处地向他人绽露一个甜美的微笑，能胜过任何动听的语言，让你拥有倾倒众人的魅力。

对于女人来说，即便你没有了年轻的肌肤，没有魅力的容颜，你的"乌发领地"已经被白发占满，但你只要能适时地绽露你的微笑，依然可以让无数的人为你倾倒。因为微笑着的女人是最吸引人的，她是最优雅的。可以说，微笑能让你拥有超越年龄的美丽。

卡耐基说："微笑，它不花费什么，但却创造了许多的成果。它丰富那些接受的人，而不会使给予的人变得贫瘠。它在一刹那间产生出各种'魅'态，给人留下永恒的记忆。"还有人说，会笑的女孩子，运气都不会太差。所以，女人在何时何地都要舒展你最具亲和力的表情，将微笑常挂在脸上，它是你成功赢得他人喜爱的"通行证"，助你成为交际场上的大赢家。

- 心理导读

微笑能提升女人的魅力指数,为此,社会上出现了越来越多的"微笑礼仪"培训机构。当然,我们普通人的日常生活,大可不必如此,只要笑得自然、笑得真诚,就能达到传情达意的目的,便能自然地提升自我魅力。

43. 真诚地对别人"感兴趣"

心理探秘:

☆ 奥地利著名心理学家亚佛·亚德勒写过一本叫作《人生对你的意识》的书。在书中他说:"不对别人感兴趣的人,他一生中的困难最多,对别人的伤害也最大。所有人类的失败,都出之于这种人。"

☆ 与人交流的成功与否,在于你是否能表达出对别人感兴趣的情绪来。如果你对别人漠不关心,在与人交谈时,也不想知道对方要表达什么,只是一味地谈论自己的事情,交谈往往会失败,双方也难以深入交往下去。一个只关心自己、对别人和外界没有好奇心的人,即使有再好的机会出现,也可能与机会擦肩而过。

哈佛人际关系学家曾做过这样的测试:

首先,让参与测试者写下自己所喜欢的人的名字,从最喜欢的人开始依次写在纸上。接下来,让受测者将他认为喜欢自己的人的名字,也依照想象中的喜欢程度,依次写在方才记下名字的左边。通过对 1000 位受测试者的答案分析得出结论:他自己所喜欢的对象和喜欢自己的人,两者的次序基本上是一致的。

这个测试的结果不算完善,其中的偶然性较大。但是它却在某种程度上说明了这样的道理:在你喜欢别人的同时,别人也在喜欢你。如果

你想得到别人的喜欢,就要先喜欢上别人。只要你喜欢别人,别人就会喜欢你——这是不容置疑的交际真理。

交际场上的魅力女人,向来都遵循这样的交际原则。在别人还未喜欢上她们之前,她们会先想方设法对别人"感兴趣",表达出自我友善,从而达成良性和谐的人际互动。

德鲁·吉尔平·福斯特,是哈佛大学历史上的第一位女校长。据说,她之所以能成为一个杰出的大学校长,是因为她在与他人接触时,会先表达出她对别人的无限尊重,无限地对别人感兴趣。

一天,一个名叫叶中的中国留学生要到校长室申请一笔学生贷款,当场就获准了。叶中万分激动地向福斯特道谢。随后,叶中正要出去时,福斯特却说道:"有时间吗?请再坐一会儿。"

接着,这位中国籍学生十分惊奇地听到校长说:"你在自己的房间里亲手做饭吃,是吗?我上大学时也做过。我做过红烧肉,是中国一道鲜美的食物,只是工序有些复杂。"

接下去,她又详细地告诉学生怎样挑肉,怎样用文火焖煮,怎样放作料等等。

"你吃的东西必须有足够的分量。"校长最后说道。

真是一位了不起的哈佛大学校长!不是吗?有谁会不喜欢这样的人呢?

不可否认,只有那些乐于为别人效力,不惜花费时间、精力,诚心诚意为他人着想的人,才能真正地获得友谊。

"如果那个人喜欢我,我才会喜欢他",这是多数女人所持的交际论调。如果你不喜欢别人甚至会厌恶别人,却妄想让别人主动地喜欢你,这是消极的社交方式,很难获得好人缘。试想:谁会对一个对自己毫不关心的人感兴趣,甚至当作朋友呢?

生活中,还有一种女人,她们在与别人交谈时,完全忽略对方说话的主题思想,只有在某个词汇引起了她们的兴致时,她们才会突然打断别人的话,然后围绕这个词汇"展开联想"侃侃而谈。这样的女人一般都是些较为自私的人,这样的女人是毫无智慧可言的,也不会拥有真正的好人缘。

所以,要做交际场上的智慧女人。如果你希望别人喜欢你,那么,就要在见到别人的时候,先发自内心地对别人"感兴趣",表达出你的诚意来。这是获得他人认可和喜欢的极为重要的交际原则。

- 心理导读

卡耐基说:"一个女人面孔的表情,比她身上所穿的衣服更重要。"于是,卡耐基指出,对于女人来说,如果我们只是要在别人面前表现自己,只想使别人对我们感兴趣,而从来不对别人感兴趣的话,我们将永远不会有真实而诚挚的朋友。

44. 亮出"缺点"也是"推销自我"的良方

♦ 心理探秘:

☆ 交际,最重要的就是"自我推销"。每个人固然都要推销自己,但并不代表每个人都懂得如何推销自己。

☆ 与其靠找优点去推销自己,不如去亮"缺点"更能得到他人的认可。把你的"缺点"先亮出来后,你的优点就会给别人带去惊喜和意外的感觉,从而对你产生兴趣。

所谓的"交际",其实就是得到别人认可的"自我推销"的过程。择业、交友、谈判、相亲……每一次都是一场自我推销。而如何才能把自己很好地推销给别人,让别人乐于接纳,却是一门技术。

在交际场上,很多女人可能都认为,要推销自己不就是尽全力把自己的优点亮给对方吗?只要你优点多多,别人怎么会不接纳你呢?

其实不然，你的优点多多，别人会觉得你过于自大，盲目自信，很容易会对你不屑一顾。就像在商场上卖东西一样，促销人员总把自己的产品夸得天花乱坠，完美无瑕，最终会让消费者产生逆反心理：故意这么"吹"，无非是想让我买产品，我偏偏就不买！看你能把它吹到天上去吗？最终的销售结果往往是差强人意。

其实，"推销自我"的过程就如推销产品的过程一样，那些商场上真正优秀的销售员，都是先拿产品的缺点来说事儿的：

"这电冰箱性能好，容积大，但就是有点儿费电，而且价格显得略高一些！"

"这款面膜非常温和，对皮肤没有任何伤害，就是不知道这种香味你是否能够接受？"

"这件衣服的面料柔韧性很好，很是舒适，就是得干洗，否则容易起皱！"

……

当销售员在透露这款产品的"缺点"时，顾客就会在心中反复地掂量：是向价格和电费妥协，还是向方便、快捷妥协？是向化妆品的质量妥协，还是向味道妥协？是向衣服的质地妥协，还是向稍有些烦琐的洗涤妥协？……顾客如此反反复复在心中掂量，也就等于把你介绍的商品当成了自己的购买对象。这也就意味着顾客对商品投入的心思更多了一些，其选择的概率自然也变大了。

同样，"推销自我"也是这样的一个过程。

在交际场上，绝大多数女人都会先把自己的优点展示给别人，而到后来，慢慢暴露出来的都是她的"缺点"，如此，她带给人的往往是失望和灰心，那么，以后大家对她的兴趣便自然会逐渐减退。

相反，如果你事先向别人展露的是你的缺点，比如，你会向对方说：

"我这个人很情绪化，脾气不太好，请您以后多多担待！"

"我这人有点懒惰,是个标准的'起床困难户'。"

"我本人有点完美主义,以后挑你的'刺'时,你可别生气哦!"

……

当你这话说出口,一方面大家都会觉得你是个谦虚的女人,另一方面,你先把缺点展露出来,大家在以后便很容易发现你身上的"优点"。也就是说,在以后与他人相处中,你带给别人的处处都是惊喜,那么,别人自然也会对你越来越感兴趣,你自然也会拥有和赢得良好的人缘。

- **心理导读**

  一位作家说,在与人交往中,一个很重要的乐趣就在于:不断发现别人身上的优点,而非缺点。如果你懂得事先有效地引导他人关注你所指出的缺点,那么,便很容易让人在以后发现你的优点。

  要知道,你事先所暴露的这些缺点,通常是你早有所准备的、能应付得来的,说到底,这些东西不会对你产生太大的负面影响。你先把它指出来,在别人的心理上已经产生了一定的免疫力。如此,他们给你挑错找碴的心思,就会少许多。

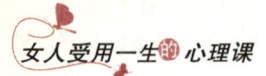

调整言行状态，掌握主动权

其实，我们生活之中，时时刻刻在发生着一场场的心理博弈，谁的弱点被早些发现，谁就丢了主动权。只不过，有些女人通过察言观色后便意识到，从而迅速地调整言行状态，握得胜券；而有些女人则意识不到，处处出纰漏，以至于对方取胜收兵，她才跌足顿悟，后悔当初没早一步读懂对方。很多时候，我们的"输"，并非是输在"实力"，也不是输在"能力"，甚至不是输在"魅力"，仅仅只是输在你晚了一步读懂对方。

45. 面对他人的"情感"攻势，你也可以说"不"

♦ 心理探秘：

☆ 在交易场所，感情只能作为交易成功与否的参考因素，而不能成为事情的最终归属。

☆ 应酬或交际到最后，大家谈的始终会是价格。

☆ 在交易场所，身为女人，千万别因为对方的"情感"攻势，而轻易答应对方的价格诉求，你也可以勇敢地说"不"。

"对方的业务代表真是太热情了，忙前忙后地招待我，我心一软，连价格都没谈妥，就答应把这个项目交给他了。"

"那个业务员对我真的很体贴、很关心，还对我的小孩照顾有加，我一感动，就买了不该买的商品。"

"合伙人态度真的很真诚，我实在不好意思压人家的价格了。"

"那个应聘者看起来很可怜，我没忍住，就答应她明天过来上班了。"

……

生活中，女人诸如此类的抱怨有很多。心理专家认为，女人是感情动物，在面对问题时，感情总是胜过理智。在生意场上，虽然她们也有自己的原则，但很多时候，却也总是招架不住对方的"情感"攻势，总会被对方突如其来的"柔情"打得稀里哗啦。底线被迫一降再降。到最终才发现，自己在生意场上连连受损，都源于自己一时的头脑发热。

感情用事是女人的弱点所在，而真正聪明的女人则懂得，在商场上，到最终，双方都得回到价格的交谈上面，对方先前之所以对你亲密友善，只是为了杀价容易些。所以，感情只能是做事情的参考因素，而不能成为事情的终极归属，她们在面对复杂的局面时，总会以最合适的说话方式，勇敢地说"不"。

一位顾客在商场里买了一件价格不菲的毛呢大衣，可是过了不久，却又拿到商店去退换。因为先前她就和这位售货员很是熟悉，双方又是老乡，于是，她上去先和她以"拉家常"的方式，展开了闲聊，还对售货员说，以后就是朋友了，要经常来往，有什么困难可以直接去找她。末了，她就拿出大衣来说，上次买的这件衣服没有动过，但自己的丈夫不喜欢这款式和颜色。

这位精明的售货员立即就明白，原来顾客和自己套热情，主要是想让自己帮她把衣服换掉。于是，她便接过衣服一看，发现大衣衣领上面的污痕，明白这衣服是被穿过的。但顾客已经说明自己没有动过，于是售货员就想给她一个台阶下，说道："我相信你是没有动过，但是可能当你不在家的时候，你家里或许哪个人动过它，你看这污迹是表明有人动过的。我也经常遇到这样的事，买回家好好的衣服，第二天就被我丈夫搞脏了。"

顾客见售货员看出了衣服的污点，自己不好抵赖，明白退换已是不可能，又有了这个台阶，于是只好放弃了原先退换的请求。

售货员这样一说既拒绝了退换衣服，又给顾客一个台阶下，顾客便不好再要求退换衣服了。如果售货员一定要说衣服已经被穿过了，可能碍于面子的原因，从而引起剧烈的争执，让彼此双方都不好下台。

在交际场上，女人在拒绝他人的时候，也一定要注意自己的说话方式，话语不能太过刚烈，以硬碰硬的方式去拒绝别人，而是要学会以柔克刚，给人一个台阶，就是一种比较好的说话技巧，这样既可以起到拒绝别人的作用，又可以使自己在社交中立于不败之地。

• 心理导读

柔是发自内心的女人味，散发出来，到了极致，就可以有无穷的魅力。

 46. "礼貌"二字，能拉近距离，也能疏远关系

♦ 心理探秘：

☆ 在陌生人面前，"礼貌"二字可以为你的形象加分。但是在熟人面前，太过"礼貌"便成了拒绝对方的一种方式。

☆ 一个处处都讲"礼貌"的女人，会让人觉得她真的很冷。尽管她富有亲和力，但那种太过"客气"的做法，真的可以拒人于千里之外。

☆ 当一个人对你讲"礼貌"、讲"客气"，并且客气到极致，直到让你浑身不自在，这个时候，你该明白：他这是在请你"走开"。

"我对公司里的每个同事都礼貌有加,可为何他们还是要与我保持一定的距离呢?"

"朋友都说我太过'客气',所以,都不愿意与我多打交道,难道对他们讲'礼貌'也是一种错误的做法吗?"

……

生活中,很多懂礼貌的女人,都会为"人缘"二字伤脑筋。而生活中,那些总是大大咧咧,在朋友面前很是放肆的女人,则都有一大群说得上话的朋友。如此说来,"人缘"似乎与"礼貌"密切相关,处处讲"礼貌"的女人,身上似乎有一种"距离"类的物质,难以受他人欢迎。对此,心理学家指出,"礼貌"能拉近距离,也能疏远关系。与陌生人交往,讲究"礼貌"的女人会被人认为有教养、有素质,很容易能赢得他人好感。但是,与熟识的人在一起,大家更喜欢那种无拘无束的自然状态,如果你是个讲"礼貌"的女人,则会给人带来一种陌生感和压迫感,会让他人对你"敬而远之"。

比如,在办公室里,你口渴时,便对旁边的同事小王说:"请帮我倒一杯水,谢谢!"这种太过"客气"的做法,会让人感到浑身不自在。如果你改口说:"姐们儿,我快渴死了,帮我倒杯水来吧!"这样的话,可能会让对方感觉很轻松、自在,从而便会欣然地接受。

所以,在办公室里,你的电脑突然出故障了,与其说:"请问您有空吗?能帮我修下电脑吗?真的很是感谢!"不如毫不客气地说:"电脑坏了,修电脑可是门技术活儿,凭你的能耐,一定会帮我修好的!"

可见,很多时候,你的"礼貌"是你与他人拉开距离的主要原因。过于"礼貌"的女人,在朋友面前,会让人产生心理压力。所以,女人在不同的场合,一定要用好"礼貌"这把双刃剑。

假如你与陌生人见面,尤其在商场上,可以做一个懂礼貌的有修养的女人。但是,在生活中的多数场合,你还是学会放下那些烦琐的礼貌用语与礼节吧。比如,你新到一家公司,新融入一个集体,想要迅速地与周围的人打成一片，你该学着用熟识的朋友的口吻与对方讲话，学会一点点地扫除自己与他们之间的距离。

如果你想与同学打成一片，那就应该在他们面前无拘无束地展露自己的个性，让他人在轻松愉悦中接纳你。

当然，如果你不喜欢一个人，或者想拒绝一个人，也无须对人家冷言冷语，也不要对人家翻白眼。你只需要用全副"礼貌"做外衣武装自己，对方便自然会与你拉开距离。

总之，在交际场上，你能否运用好"礼貌"，直接影响你人缘的好坏。

- 心理导读

    人们常说对一个人过度关心是一种伤害，而礼貌过度也是一种伤害。

    一个处处都讲礼貌、时时都谦虚谨慎的女人，会让人觉得她真的是个"冷美人"，人们便很难与她打成一片。

47. "接受帮助"是一种度量和胸襟

♦ 心理探秘：

☆ 有度量和胸襟是女人一种最为可贵的精神品质，女人身上所散发出来的人性的光辉皆源于那里。

☆ 人人都有"被人需要"的心理欲求。为此，很多时候，快乐地接受别人提供的帮助，是对对方能力的最大肯定。

☆ 人人都不愿意同一个总是说"NO"的女人相处；而一个习惯了说"NO"的女人，会在他人眼中越来越没吸引力。

一位热衷于慈善事业的成功人士，曾这样说道："当你看到一个人在路边饿得饥肠辘辘，你会去帮助他吗？一定会的，人的本能会促使你去给他提供帮助，人性都是向善的。"

不可否认，仁慈心、同情心是人类情感世界的一种最为基本的组成部分，每个人都有同情弱小、怜恤受难者的仁慈情感。这是人的本能，也是人性中的闪光点。这种同情心，会让世界充满光亮。

在交际场上，如果一个女人总是拒绝接受别人的帮助，也就等于拒绝自己的世界被照亮。这样的拒绝，会让他人觉得你是在拒绝他本人，从而会影响你的人缘。人们通常都认为，要有好人缘，首先要学会去帮助别人。其实，快乐地接受别人的帮助，也是获得好人缘的重要方法。

林晓是个认真负责任的女孩子，平时总是爱主动帮助别人。但她自己却不愿意欠别人的人情，别人帮她办了事，她就会觉得心中不安，总是想办法"还人情"。比如，给别人买一些小礼物，或者请别人吃顿饭，心里才会觉得舒服。

时间长了，朋友都说和林晓在一起"太累"。也没人委托她办事了，甚至朋友们和她的联系也越来越少了。林晓感觉很孤独，她想不通：自己这么在意朋友之间的"情谊"，这么注重"礼尚往来"，为什么大家反而远离她了呢？

生活中，很多女人都会遇到与林晓一样的问题。她们根本不懂得，大方自然地接受别人的帮助，其实正是增进双方感情的好办法。毕竟，同情心、仁慈心是人类的本性。如果你接受别人的帮助总是感到不好意思或者不情愿，也等于间接地伤了别人的自尊心。

其实，接受别人的帮助是一种度量和胸襟。有度量和胸襟的女人，其人性会散发出耀眼的光辉。

销售女神徐鹤宁在接受采访时，有人问她："您销售的秘诀是什么呢？"对方回答："只是一句神奇的格言。"

对方问："是什么格言？能与大家分享一下吗？"结果，徐鹤宁只说了几个字:"我需要你的帮助!"

对方不解地询问:"你需要他们帮助你什么呢?"

徐鹤宁回答:"每当遇到我的客户时,我都向他们说:'我需要您的帮助,请您给我介绍3个您的朋友的名字,好吗?'很多人都会答应帮忙,因为这对他们来说只是举手之劳。"

由此可见,一句"我需要你的帮助",是打开对方心灵的钥匙,也是拉近双方距离的红线。有位哲人说过:"给予比获得更令人感到幸福。"所以,你要勇敢地把帮助别人的"幸福"给别人,让别人知道,你"需要他们的帮助"。对于想要拥有好人缘的人来讲,这也是很重要的事情。卡耐基说过:"请求对方帮一个忙。不但能使对方觉得自己很重要。而且也会使得你赢得友谊与合作。"所以说,富有智慧的女人,在交际场上,总会以"请求对方帮一个忙"打开交流的话题,继而赢得与对方的合作,同时用这种方法还能在朋友中间赢得良好的人缘。

心理学家指出,在竞争中,人们最在意的是自身的重要性。在交际中,我们如果能让对方感受到这一点,那么,我们便很容易就能赢得对方的心,为自己的好人缘打下基础。

> **· 心理导读**
>
> 生活中,一些女人总是喜欢"居高临下"地向别人"施恩",以满足自己的虚荣心。这样的女人,通常是不会有好人缘的。那些真正的交际高手,经常会请求对方帮忙,或者虚心地就某个问题向对方"请教"或请求"指点"。如此一来,不但能使对方觉得自己重要,而且也能使我们赢得友谊与合作。
>
> 其实,"帮忙"这件事。永远是互相的。你在帮助别人的时候,同时也为自己积累了经验;而你向别人请求帮助时,也等于给别人提供了一个展示自我的良好机会。所以,女人一定要敞开心胸,欣然接纳别人的帮助。

48. 关心他所关心的人

♦ 心理探秘：

☆ 每个人的生命都是一个节点，要让对方支持我们的秘诀就在于：寻求来自他周围朋友的支持。

☆ 要与某个人"交善"，不仅要懂得关心他，而且还要懂得关心他生命中最为重要的人。有时候，间接比直接更能取得成效。

生活中，我们可能都有这样的体验：一个小伙子想要获得姑娘的芳心，往往会花大力气去讨好自己未来的岳母大人。因为在姑娘的心中会觉得，如果你真的喜欢我，就一定会对我的母亲、家人、朋友示好。这便是我们所说的"爱屋及乌"，在心理学上称之为"晕轮效应"。

"晕轮效应"又叫作"概面效应"，是指当一个人对某人产生了良好或不良印象后，便会以偏概全，以点概面，认为这个人的一切都很好或者一切都很差，便形成了某种成见，好像月晕一样，把月亮的光扩大化了。

当然，产生"晕轮效应"是因为在人际交往中掌握着有关对方信息资料很少的情况下做出总体判断的结果。"晕轮效应"往往会影响到人们的相互交往。如在一个集体中，当你对某人印象好时就会觉得他处处顺眼，"爱屋及乌"，甚至他的缺点、错误也会觉得可爱；当你对某人印象不好时，就会觉得他处处不顺眼，"憎人及物"，对其优点、成绩也会视而不见。这种心理状态必然会影响到人际关系的融洽与和谐。而一个小伙子为赢得姑娘芳心，花大力气去讨好自己未来的岳母以及周围亲友的行为，便是"晕轮效应"的逆向作用。如果对方在你心中足够重要，那么，与他密切相关的一切，在他心中也是同样重要的。

为此，聪明的女人恰恰可以运用这点，在与陌生人交往时，我们如能恰当地表达对他们所关心的人，比如父母、孩子的关心，对方自然就会觉得温暖贴心，从而更愿意与我们亲近起来。

采妮是一家化妆品公司的首席销售员。有一天，她去拜访一位女客户。当时客户正在忙着做家务，而她2岁的女儿却正坐在客厅的地板上大声地哭泣。采妮见状便连忙蹲下来对小女孩说："小朋友啊，不要哭哦，看阿姨给你变魔术。"

随即，采妮就像变魔术似的从包里拿出了两个棒棒糖，然后又像变戏法似的变出了一个会走路的小鸭子，并趴在地上为孩子演示，孩子便立即破涕为笑。这一切，都被在厨房的妈妈看在了眼里。

末了，这位女客户便痛快地从采妮那里购得了一款化妆品。

可以试想：有谁会拒绝一个愿意趴在地上与小孩一起玩耍的人呢？采妮之所以能使交易顺利进行，关键在于她找对了方法：逗小孩开心，比刻意地关心她本人更能打动对方的心。所以，聪明的女人在与陌生人结交的过程中，适当地表达对与他密切相关的第三个人的关心，会给对方留下善解人意的印象，从而获得更多的好感。

- **心理导读**

  企业经常利用"晕轮效应"让自己的产品为大众所了解并接受。具体的做法就是，让企业的形象或者产品与名人相关联，让名人为公司做宣传。这样，就能借助名人的"名气"帮助企业聚集更旺盛的人气，人们一想起公司的产品就想到与之相连的名人。

49. 能说的不如会听的

心理探秘：

☆ 倾听的"倾"字，表示身体向前倾斜着，用肢体语言表示关爱与尊重。

☆ 越是当你滔滔不绝的时候，你的缺点越会暴露无遗。越是当你洗耳恭听的时候，你的智慧越会快乐生长。聆听是取人之长、补己之短的良方；聆听是沟通双方、尊重对方的桥梁；聆听是抛弃错误、远离懊悔的法宝。沉默能省去许多烦恼，倾听是最大的智慧。学会倾听，你会发现世界都在对着你笑。

一名顾客来到一家汽车专卖店，对营业员的介绍百般挑剔。其他营业员都认为他是在故意找碴，都对其爱答不理。而只有一位营业员静静地听完他的抱怨之后，微笑着说道："我对我们这里的汽车都不满意，这是我们的不足。请你给我们一些时间，让我们改进。总有一天，我们会推出让你满意的汽车，到时候再推荐给你。"

这样的态度使顾客很是吃惊："其实你们这里的车没有我说的那么糟糕，我对其中一辆还是比较满意的。"随即，那位顾客还是买下了那辆汽车。

会说的不如会听的，倾听是一项高超的沟通艺术，它比任何语言都有力量。你可以试想一下：在你言我语的交谈中，谁才是最为优雅的那一位？是抿着嘴仔细聆听的那一位。当一个喋喋不休的女人和另一个认真倾听的女人站在你面前的时候，你觉得谁更有气场，更有征服力呢？

在交谈中，要使话能进入人心，首先你得会听。当你滔滔不绝地说或者是随意打断别人的话的时候，也暴露了你的修养粗野。一个喋喋不休的女人更像是一个小丑要宝一样，在她身上看不到半点矜持和含蓄。

同时，倾听也是对他人最大的尊重。专心地听别人讲话，是你所能给予别人的最有效，也是最好的赞美。无论说话者是上司、下属、亲人或者朋友，倾听都是一种强大的征服人心的无声语言。

在小说《傲慢与偏见》中，丽萃在一次茶会上专注地听着一位刚刚从非洲旅行回来的男士讲述自己的所见所闻，几乎没有说什么话。但是分手的时候，那位绅士却对别人说，丽萃是个多么善于交谈的姑娘啊！

看，这就是倾听别人说话的效果。它能让你更快地交到朋友，赢得别人的喜欢。倾听是一种无声的恭维。当一个女人微笑地看着你，并十分认真地倾听你讲话的时候，她浑身上下都会散发出优雅高贵的气质。要想练就自己的好口才，首先要有一双善于倾听的耳朵。我们之所以有一张嘴巴两只耳朵，就是为了告诉我们要少说多听。一个懂得倾听的女人，是一个聪明的女人，因为我们在倾听的时候，不仅可以获得对方的尊重，同时也可以获得一些意想不到的收获。

当然，倾听并不仅仅是指用两只耳朵听着，保持沉默而已，也是要掌握一定的技巧的：

1. 保持眼神接触

要让说话的人感觉到：你的注意力完全在他的身上。可以试想，一个无精打采的人，要么冷淡，要么孤僻，要么粗鲁，根本不关心你在说什么。相比之下，电视里的采访者就完全不同，他的整个状态显示了高度的投入与关注。所以，在倾听的时候，一定要全身心投入，就像运动员要进入竞赛状态一样。

同时，在倾听的时候，也要给讲话人一些语言上的暗示，鼓励他多说一些，例如："明白了。""多给我讲一些。""然后怎么样了？请继续！"注意，每一个暗示都很简短，只需要两三个词，但是这些话足以使讲话的人深受鼓舞。

2. 表示同感

如果有人告诉你，他失去了一个期待已久的晋升的机会，你就应该回应道:"真是遗憾,我想你肯定是失望极了。"

3. 分享谈话"核心"的角色

在谈话的过程中,应不时"让出"核心的角色。因此,请不要总是试图"统治"与他人的谈话,而应该尽量让其他人都参与进来。例如,你可以说:"莎伦,我们很想听听你在这个问题上的看法,可以给大家介绍一下吗?"

4. 把每一次倾听当作学习的机会

敏锐的倾听者总是会留意那些不被人看好的观点。因此,即便是谈论的话题一开始显得很是无趣,也请紧跟说话人的思路,而在你学习的同时,你也会获得谈话人的好感与尊重。

总之,倾听需要做到耳到、眼到、心到,当你通过巧妙的应答把别人引向你所需要的方向时,你就可以轻松地掌握谈话的主动权了。

能做个耐心的听众是一件难能可贵的事情。无论是在生活中,还是在职场中,女人都要学会做一个善于倾听者,并且将你对说话者的尊重和诚意表现在脸上,你将会获得意想不到的收获。

- **心理导读**

  与其会说,不如会听。不能主动倾听的人,必会使你的人际交往一败涂地。

  真正的倾听,是要用心、用眼睛、用耳朵去听。女人不但要学会用耳朵倾听,还要学会用心去倾听。

  很少有人会去拒绝接受专心倾听所包含的赞许。

50. 一滴蜂蜜甚于一加仑胆汁

◆ 心理探秘：

☆ 恰如其分地赞美，能创造一种热情友好的气氛，能使彼此的心情更为愉悦。这是人类真正认识自身存在价值的一种需要。

☆ 被人认同，是每个人的心理需求。有智慧的女人，会抓住这点，尽量去赞美身边的每一个人。

心理学家指出，人永远是需要认同感的，没有了认同感，就没有了向上的动力。人最关心的，永远都是能为他带来心理满足的人。也许，这个人是他最关心的人。他给他的爱，让他活得有安慰；也许，这个人是他的爱人，她给他的爱，让他活得有甜味。所以说，如果你想得到他人的好感，或者想让他人纠正自己的观点或不当行为，请先学会赞美他吧。

林肯说："一滴蜂蜜要比一加仑胆汁能招引更多的苍蝇。如果你想赢得人心或者让他人认同你的行为或思想，那就首先让他人相信你是他最真诚的朋友，那样你就像一滴蜂蜜更能吸引住他的心。"

刘珊是一家汽车经销商的服务经理。在她的手下，有一位员工的工作每况愈下。然而，刘珊并没有对他大声斥责或者威胁，而是将他叫到办公室，跟他进行了坦诚的交谈。

刘珊是这样说的："张波，你是一个很棒的技工，在现在的这条生产线上工作也有好几年了，你修出来的车子几乎都能让客户满意。事实上，有很多人都赞扬你的技能好。只是最近，你完成一项工作所需要的时间确实太长了，而且你的工作质量也比不上你以前的水准。你以前是一位杰出的技工,我想,你一定也知道,我对你现在的情况很不满意。也许,我们可以一起来想办法,改正这个问题。你认为呢?"

张波听到这样的话,说道:"经理,我知道自己最近有些力不从心,但是我非常感谢你能这样认可我。我向您保证,我一定会胜任我接下来的所有工作的。"接下来,张波便很尽力去完成自己的每项工作。因为经理赞扬他曾经是一位优秀的技工,他心里也这么认为,于是,他肯定不会做那些不及从前的事。

其实,在人际交往中,赞美永远要比否定和批评有效得多。人人都需要被他人认同和肯定,你的肯定和支持,会让他觉得自己活得有价值。不可否认,一个善于赞扬他人的女人是聪明的、富有智慧的,这样的女人的人缘也是不会差的。

那些说话尖刻、爱批评和爱打击他人的女人,永远是不受欢迎的。有些女人,别人一切的好处,到了她的嘴里,都会变得可有可无。还有一些女人,也总爱挑剔别人,别人的一切想法到了她的嘴里,都变成痴人说梦。她总认为,自己比他人要看得明白,可是,正是她的明白,才恰恰地伤了别人。

男人说,要交到可人的女朋友,首先要学会猛夸她。女人说,要想得到男人的宠爱,一定要学会鼓励他。朋友说,要获得他人的喜爱,要学会真心实意地赞美。心理学家说,人天生都是缺乏安全感和自信心的,他们的心会更倾向于那些能给他带来肯定、能证实自己价值的人。否则,他的内心便会充满失落感和孤独感。身为女人,在交际场上,要争取别人的支持,那么,你懂得支持别人吗?

生活中,你的孩子如果得到你的鼓励和赞赏,就等于给他们的成长奠定了一块自信的基石;而你的男人如果总是能得到你诚恳的赞美,那么,无疑就为你的婚姻加筑了一层强有力的保障。

一天晚上,黄薇与丈夫一起出席一个戏剧界的宴会。当他们走进室内时,她的老公就被一大群美女包围了,因为她们都想给这个成功且潇

酒的男人一个好印象。面对此，黄薇不仅没生气，还走上前去搂住老公的脖子夸赞道："老公，你真棒，能吸引那么多美女，真是魅力无穷啊！看来以后，我也会成为这些女人羡慕的对象了。"

在这种场合里，面对此事，黄薇对丈夫有这样一番赞美，无疑，他们的婚姻生活是令人羡慕和赞叹的。

身为女人，如果你想让一个人做什么，你就赞扬他什么。如果你想赢得一个人的心，就使劲地夸他吧。赞美是世界上最动听的话。良言半句三冬热，恶语伤人六月寒，一句良言也许可以改变你的人生。

- 心理导读

用使人悦服的方法赞美人，是博得人们好感的好方法。记住，人们所喜欢别人加以赞美的事，便是他们自己觉得没有把握的事。

要改变人而不触犯或引起反感，那么，请称赞他们最微小的进步，并称赞每个进步。

 51. 这样去夸奖人最恰当

◆ 心理探秘：

☆ 一句话出口前，你是它的主人，出口之后，它是你的主人。钉子可以从木板中拔出，说出去的话却无法收回。所以，养成话出口前先思索的习惯，它能让你受人欢迎。

☆ 如果你担心当面赞美别人会把握不好尺度，起到适得其反的作用，那么，不妨在背后多说对方的好话吧！

《红楼梦》中有这样一处情节：

史湘云和薛宝钗正在喋喋不休地劝导贾宝玉努力读书，以便将来做

官仕宦，光耀门楣。而贾宝玉心中大为反感，对史湘云和薛宝钗说："林姑娘从来没有说过这些混账话！要是她说这些混账话，我早和她生分了。"

其实，宝玉是借着夸奖林黛玉来告诉史湘云和薛宝钗不要再对自己说什么读书做官之类的话。谁知道这时，黛玉恰巧到了窗外，无意中听到了宝玉夸奖自己，心里"不觉又惊又喜，又悲又叹"。结果宝黛两人互诉肺腑，感情大增。

因为在林黛玉看来，宝玉在湘云、宝钗、自己三人中只赞美自己，而且不知道自己会听到，这种好话就是难得的、无意的，最重要的是真诚的、发自内心的，说明在贾宝玉的潜意识里他就是这么想的，所以才在众人聊天时随口说了出来。倘若宝玉当着黛玉的面说这番话，好猜疑、小性子的林黛玉还会说宝玉打趣她或想讨好她呢！

由此可见，背后夸人的威力，它更能深入人心，让人心生好感。相比于当面的赞扬和恭维，人们更相信那些出于说话人潜意识的"真心话"，而"背后"赞美正是说话人潜意识的自然流露。女人可以试想一下，如果有人告诉我们：某某人在背后说了许多关于我们的好话，我们会不高兴吗？这种赞语，如果当着我们的面说给我们听，或许反而会使我们感到虚伪，或者疑心他不是诚心的，而间接听来的，便会觉得十分悦耳，因为那是"真诚"的赞语。

当面夸一个人，虽然也能让他心花怒放，但远不如在别人面前夸他，再想法子叫他知道，这样更让他心里笃定、踏实，并且相信这是真诚的。为此，在生活中，女人可以多在背后赞美别人，这样的赞美总会传到被赞美者的耳朵中的。

德国历史上的"铁血首相"俾斯麦，为了拉拢一位敌视他的议员，便有计划地在别人面前赞美那位议员。俾斯麦知道，那些人听了自己对议员说的好话后，一定会把他的话传给那位议员。后来俩人成了无话不说的政治盟友。

在背后赞美别人，能够极大地表现出说话者的"胸怀"和"诚实"，有事半功倍之效，赞美之意也更能够深入人心，起到极好的效果。

> • 心理导读
>
> 永远不要害怕你的赞美之辞传不到被赞美者的耳朵中。
>
> 当面说人好话，很可能会被人认为你是有求于他，或者你只是在奉承、讨好他；而在背后说相同的好话时，被赞美者更容易接受我们的赞美之辞，也更容易领情。
>
> 直接赞美的度很难掌握，如果不足，会让对方感到不满足，不过瘾，甚至不服气；过了头，又会变成溜须拍马和恭维，让人觉得不真实。而背后赞美则可以有效地让人规避这些问题。

 52. 与固执的人合作，学会晾一晾他

♦ 心理探秘：

☆ 与太过固执的人谈合作，如果对方态度强硬，就要学会先晾一晾他。

☆ 对强者，要用挑战。无为而治，是最高境界的谈判方法，人内心生出起伏来，才能赢得意想不到的胜利。

☆ 恋爱要学会巧妙且合理地运用"斥力—吸引"原则，谈判桌上，也要学会懂得这一原则的运用。

"我的合作对手十分傲慢强硬，在交涉过程中，屡屡给我出各种各样的难题，是不是对方有意不想和我合作，或者反悔呢？真的担心这笔生意谈不下来。"

在生意场上，很多女人都会遇到诸如此类的问题。遇到此事，只是着急是不行的，要学会先冷一冷他，即不搭理也不回应，或者可以含糊

地告诉对方:"你先好好考虑吧,我不着急……"

如此一来,原本很着急的你,就会变得镇定。你的这种"无所谓"的态度,很容易让对方乱了阵脚,在心中他们会七猜八猜:他们是不是找到了新的下家?他们的价格是不是真的压到最低点了?与他们合作,是不是真的没有任何回旋的余地了?

几天后,他们也许便会主动示意你:"你们的条件,我们认真考虑了,还是可以再商量的。"一旦对方这样表示了,接下来你就不要再僵着了,就该真和他们谈合作了。如果再拖下去,也许合作就真的泡汤了。

这便是心理学上的"以退为进"原则。恋爱中,女人用此法,可以让你中意的男性来追求你。而在商业合作中,运用此法,便很容易为你赢得生意上的合作。在生意场上,当你与一个固执的生意伙伴谈合作的时候,你努力争取的时候,就会把对方的自信心推到最高点,对方会觉得:你急于与他做成这笔生意,觉得自己的条件给得太过宽松,就会觉得应该再等等看,说不定还有更好的合作对象呢?

在这样的情况下,你若再对他们穷追不舍地谈,会造成对方的心理膨胀感。但若此时,你突然放手,先稳住自己,学会不失时机地晾一晾他。一段时间后,当他的自信心降到最低时,自然便会回头找你。这个时候,你再与他谈合作,就会容易得多。

对于此,女人要懂得,让对方等待时,一定不能让他等得太久。任何事情经过这样小小的"发酵"过程,就会有不一样的味道。

人的一生,都是在不断追求"自尊心满足"的过程。当然,任何人的自尊心,都并非是一成不变的,也许外界的一个细微的变化,便能让你内心的"自尊"二字发生不一样的变化。

身为女人,在生意场上,如果你想与一个固执的人谈合作,那就一定要在适当的时机晾一晾他。这是你赢得与他人合作的一个不错的方法。

- 心理导读

　　女人要明白，人人都有不服输与不愿认错的争强好胜的心理特征，无论是不是自己的错，总是希望将其转移到别人的头上。如果我们在说服他人或与他人谈合作时，能够事先退让一步，反而会促使对方心理上产生亏欠心理，也会退让一步，从而达到你的目的。这种说服技巧，可谓巧妙至极，女人在生活中可以尝试运用。

53. 别人的心绪你知晓多少

◆ 心理探秘：

☆ "两军相遇智者胜"，千智万智又以明白对方的心绪为上。

　　有时候，要说服一个人，无论是直接说，还是间接说，都不能够很好地达到理想的效果。但这时，聪明的女人则善于通过观察分析去抓住对方的心绪，再用语言打动其内心，从而使问题迎刃而解。

　　维也纳市的妇女都喜欢戴一种高帽子。一次，在戏院中看戏，妇女戴的高帽子挡住了后面人的视线。虽然戏院相关负责人一再提醒妇女们脱掉帽子，但是仍旧有妇女毫不理睬。

　　这个时候，一位女演员走上了戏台，对下面的观众说："亲爱的女同胞们，本来按照戏院的规定，看戏的时候是不能戴帽子的，但是说明一下，年老的女士可以不用脱帽。"

　　刚说完，台下的女士们便开始纷纷地脱帽子了。

　　每个女性都希望自己是年轻的，而非是年老的。女演员正是抓住了女性的这一心理特点，然后以一种不动声色的方式迫使她们不得不将帽子脱下来。所以，在现实生活中，女人完全可以通过此方法去达到说服的目的。

卫珊是一家杂志社的编辑，她的工作任务就是向那些有潜力的作者去约稿子。一次，她在网上发现了一个有潜力的作者，想向对方约稿。但对方却说："真不好意思，这段时间的确太忙，时间不充裕，仓促之间写出来的东西，恐怕会很差，怕影响贵杂志社的声誉。你还是去找那些比较空闲的人吧！"

卫珊说："不、不、不，那些整天空闲没事的人，写出来的东西不见得比你仓促之间写出来的好。你的文章，我已经全部都读过了，您就当下问题提出的一些观点确实很深入人心，很适合我们杂志社刊登，望您能抽出一点点时间，为我们写一篇！"

听到卫珊这么一说，对方便非常豪爽地说道："既然这么说，那我晚上加班写一篇吧！"

自古以来，都有"文人相轻"的说法。人们总是认为自己写的东西是最好的，别人写的都没有自己的好。那个作者当然不愿意承认自己写得不好，而且卫珊的话也肯定了对方文章的质量，即便是挤时间写一篇，想必对方也不会马虎应付了。

其实，这种说服人的技巧就是把握了人的心理，比如女性就不愿意承认自己老，文人就不愿意承认自己没才华，小孩子就不愿承认自己不勇敢，老人不承认自己无用……每一种人都有自己的心理特点，每一个人也都有自己的心理特点，只要抓住这个特点，就可以轻松地说服对方。

- **心理导读**

　　心理活动主导着人的一切行为。无论是说服对方、赢得先机，还是化敌为友、化解矛盾，把握心理都是条行之有效的捷径。

　　在任何时候，只要你通过观察摸透了对方的"心思"，便掌握了主动权。

54. 赢在"细节":无关紧要的"小事"最能打动人

♦ 心理探秘:

☆ "你希望别人怎样待你,你也要怎样待别人。"这是知名化妆品企业玫琳凯团队的黄金法则。几十年来,正是这个法则为企业创造了非常可观的利润。

☆ 越是多数人觉得无关紧要的小事,越能够体现出你的细心和体贴,这样的关怀也越能够打动别人。

☆ "不求回报地将对方放在心上"的原则,是多数人获得交际成功的重要法宝。

在奥尔布莱特还未成为美国国务卿的时候,曾在 BN 电影公司担任公关部经理的职位。当时,因为竞争激烈,她的压力异常地大,但她却能巧妙地处理工作的各种事务,使同事们的烦琐工作变得十分地有趣味。

在公司中,奥尔布莱特的下属们,总会在某个紧张的下午,"意外"地收到一张上面写着诸如"你干得非常出色"之类的精致的卡片。这卡片,是奥尔布莱特的精心之作。也正是这些看似无关紧要的卡片,在下属们的心中荡起了一阵暖意。这使得下属们对这个细心的女上司更为尊重了,于是工作也越来越出色。就这样,在繁忙工作的间隙,她并没有花太多的时间,却给他人送去了一份又一份的快乐。

她认为,大家的工作节奏那么快,以至于大部分人都忘记了一些最基本的问候,正是对这些无关紧要小事的忽略让大家彼此间失去了最基本的尊重和友善。于是,奥尔布莱特认为,正是这些看似无关紧要的小事,最能体现自己的一份心意。于是,她的行为不仅让下属收获了感动,更提升了工作效率。

其实,奥尔布莱特的做法值得女人们借鉴。要想赢得他人好感,体现出你的关心是必须的。但是对别人的关爱,不一定非要在大事中才能体现出来。在日常生活中的各种琐事之中,更能体现出你的友善来。

生活中,有很多女人在与他人相处中发生冲突、争执,起因多数是一方不把另一方放在心上,或者双方都不把对方放在心上。于是,误会和敌意便会袭来。所以,将对方放在心上,重视别人的需要,是赢得对方尊重和好感的最有效的途径。你轻视一个人,就不会把他放在心上,对他的一切都漠不关心。而你重视一个人,就会处处在乎他的感受,关心他所处的状况。而当他感受到你的轻视或重视后,也会报以同样的态度。

在与他人相处过程中,如果我们能对别人多一份关注,多一份重视,就会给别人带来无比的快乐和幸福。所以,当我们试图改善或巩固与他人的关系时,就应该从生活中的小事做起,打动对方的心,为自己赢得良好的人缘。

初入职场的玉珠近来很是烦恼,因为她总觉得自己无法融入同事中去。因为她们总有她们的话题,比如与婆婆相处的艺术、教育孩子的心得等。而这些玉珠根本插不上嘴。

如何才能让自己与她们打成一片呢?玉珠发现,其实做到这点也并非是件难事,那就是利用工作途径随手帮别人一些"小忙",把工作中所有认识的人都变成自己的人。比如,有一次,玉珠听到办公室的张姐说起,要给自己老公的公司添点办公用品。于是玉珠便从抽屉里抱出一大本名片,对张姐说:"如果急用的话,可以找老张,他送货上门;如果希望价钱最低,你就去××街找小陈;总之不要去超市,那里价钱最贵。"听了如此周到的介绍,张姐乐得直夸玉珠:"小姑娘,你年纪虽小,办事能力却很强啊!心如此细,谁娶了你,可不幸福死!"

其实,这些供货商,都是玉珠给公司采购办公用品时认识的,她比较注意维护这些关系,不仅办起公事来很方便,也能帮到其他的同事。

从这些小事情入手，玉珠便很快融入了集体。

有句俗语说得好："无心插柳柳成荫。"不求回报，随时随地地帮别人一个小忙，对你可能是举手之劳，但它却种下一个善因，日后说不定能给你带来意想不到的机遇。

> • **心理导读**
>
> 　　高尔基说："你要记住，永远要愉快地多给别人，少从别人那里拿取。"这是获得交际成功的一个重要秘诀。
>
> 　　每天要想着不计报酬地为别人做点小事情，你便能很容易地赢得良好的人缘。

Part 2 社交心理：读懂人，做对事，打造你的好人缘

话语要精准，眼神要动人，行动要到位

卡耐基说："要想在交际场合受人欢迎，三分靠口才，三分靠眼睛，三分靠行动，还有一分靠运气。"也就是说，女人要成为交际达人，务必要做到：话语要精准，眼神要动人，行动要到位，这是为自己赢得好人缘的关键。要知道，在交际中，一句不经意的话语便能反映出你的涵养，一个细微的眼神便能暴露你内心的秘密，一个不易察觉的行为会告诉对方你此刻的心理变化。一个真正善于交际的女人，会很好地把握好自己的一言一行、一颦一笑，如此才能在了解对方的基础上，做对事情，赢得好人缘。

55. 应对大场面，克服紧张情绪有诀窍

🍂 心理探秘：

☆ 克服紧张情绪的最佳良药便是行动。当你害怕时，要说服自己大声地讲出来；当你紧张时，要尽量让自己动起来。

☆ 人之所以紧张，多是因为"无知"。要克服这一点，就先学会从手头的工作做起，从身边的人做起，帮助你所遇到的每一个人，敞开心扉与每个人沟通，把"干好工作"与"维系交情"当作一件事来做，把与人沟通当作一件快乐的事情来做，长此下去，你就能完全应对各种交际活动。

刘洁刚从学校毕业不久，社会经验很是不足，每次参加公司组织的大型活动，便会紧张不已。一紧张，她的小动作便会多起来，捋头发、擦额头、扯衣角、眼睛左顾右盼……总之不知道手脚该安放到哪里。领导看到此便感叹："这小刘，不堪大用啊，真不气派，上不了台面。"

这话传到刘洁耳朵里后，她沮丧难当："都怪我不争气，一紧张，就给领导留下了不好的印象，以后前途肯定要受影响了。"

其实，生活中，很多女孩子都会遇到诸如此类的问题。尤其是像刘洁这样初入社会的，应付一般型的聚会活动还可以，但一到比较正式的大场合，便会莫名地紧张起来，做出一些不雅的行为来，影响自身的形象。身为女人，该如何克服这种紧张的情绪呢？

心理学认为，人的紧张情绪，是因为对即将面对的事情或环境不熟悉或者陌生而造成的无法适应或者无法融入的现象。为此，要摆脱紧张情绪，最终极的办法便是经常参加这种活动，随着经验的不断积累，你便会放松自己的神经了。当然，这是一个较漫长的过程，对于职场新人或经验不足的人来说，要找到最快速、最有效的方法，可以从以下几点做起：

平复自己，动作要慢下来：如果你内心感到紧张，无论是讲话还是做事，都强迫自己慢下来。多数情况下，人在紧张时，语速会加快，行为动作也会随之加速，问题是，越是快，便越会出错。声音已经发颤了，嘴巴已经不由自主了，从而会不断地出错；手脚已经不由自主了，随之可能会打翻茶杯，溅湿衣裙。所以，这个时候，一定要尽量地让自己平静下来，控制自己说话的语速和行为，如此一来，你就会发现自己的声音没那么颤抖了，而且会越来越有信心，慢慢地就会让你从紧张的困境中摆脱出来。

用小道具把紧张的情绪发泄出来：生活中，人经常会用钢笔或钥匙等这些小物件在手指上不停地缠绕，都是在发泄内心的紧张情绪。很多女人在参加一些重要会议的时候，精神都是高度集中而且紧张的。这个时候，最害怕的就是无休止的静止，静止就意味着压力无处宣泄，只能积在心中，在你发言的时候，难免会爆发出来，影响你的个人形象。这个时候，你不妨通过手部的一些小动作，可以为自己的压力找到一个发泄口。当你内心忐忑不安时，你就可以借助钢笔或身上的首饰等道具，为自己的压力找个发泄的出口吧。

除此之外，女人还可以尝试运用意象对话法。人的名字听起来比较抽象，实际上我们可以使用这种方法来缓解消极、紧张的情绪，而且极为有用。具体做法就是在出现紧张的时候，你要对自己说一些劝慰的话。比如，当你在与大人物交流时，你一定会紧张，这时候，你就在内心不断地告诉自己，谁都会紧张的，而且适度的紧张会提高我们的考试成绩。生活中，那些善于调控自己情绪的女人都能灵活地运用这种方法。

另外，利用幽默也可以缓解紧张。心理学家指出，幽默对消除紧张有神奇的效果，研究发现那些处于紧张状态下的人往往更容易发笑。实际上发笑就成了发泄紧张的一种方法。所以在紧张的时候听一听相声会比较有帮助。如果你平时就是一个有幽默感的人，你可以将其表现出来达到缓解紧张的目的。

总之，紧张，也是因为你的青涩。每个人都有青涩之时，每个人一生都尝试过"紧张"的滋味。当你的心缩成了一团，不妨跟自己说说那个笑话"我叫不紧张"，呵呵一笑间，心情就会在瞬间放松不少。

> **· 心理导读**
>
> 实验心理学的代表人物威廉·华特曾提出了克服紧张心理的"内视法"，也就是说，在你极紧张的时候，可以先找个无人的角落，暗暗地把自己的紧张情绪说出来："我很紧张，我很害怕，我很无措。"当把这些事实说完后，很多人发现，紧张情绪竟然得到了有效的缓解。这就是压力得以释放的结果了。

56. 原来，讲话也讲求"黄金比例"

🌸 **心理探秘：**

☆ 在交际场上，说话是讲究"黄金比例"的，即为话语的"长度"要精准，面部表情要动人，话点要到位。

☆ 在交际场上，很多人的"输"，并不是输在"实力"，也不是输在"能力"，甚至不是输在"魅力"上，很多时候是输在了不了解对方的一颗心。

☆ 会说话的女人，不仅能做到"话点到位"，而且还能做到"笑点到位"。正如苏岑所说，她们在上司面前，会笑得含苞待放，一枝小荷才露尖尖角。这代表其踏实稳重，证明自己足堪大用。在同事面前，她们会笑得爽朗不羁，恰似大珠小珠落玉盘。这证明她心底无私、仗义敢当，同事才爱与她共事。在爱人面前，她们会笑得琵琶半遮面，道是无晴却有晴。这是她们的神秘与拿捏，唯此男人才会更有兴趣探究其心中的内蕴。

善交际的女人，不仅身材要讲究"黄金比例"，五官要讲究"黄金比例"，而且说话也是讲究"黄金比例"的，即为说话的"长度"要精准，面部表情要动人，话点也一定要到位。她们话一开口，便能抓住关键，话语少而精，表情丰富动人，就是连微笑的尺度都拿捏得恰到好处。这样的女人，张口闭口间都散发出迷人的气质，让人不由得心生向往。

所谓"说话的长度要精准"，是说，智慧女人在开口讲话有"引子"、"正文"和"收尾"。先说问候的话，引出话题就是"引子"，真诚而自然地交谈就是"正文"，适时结束交谈向对方告别就是"收尾"了。她们会将这三个部分处理得恰到好处，让聆听者不仅能抓住核心和要点，而且还能让人感到余犹未尽，回味无穷。

所谓"面部表情要动人"，是指智慧女人讲话，很是注意自己的面部表情。她们与他人交流时，眼神总是坚定的、踏实的，给人一种宽度，一种涵纳一切的包容力。话到激情时，她们的眼睛会比谁都亮，面部总是展露着干净的微笑，给人一种值得信赖的感觉。总之，她们最善于用面部肌肉，传达她们话语中所蕴含的信息，让人在了解她们真实意图的基础上，给予最合理和恰当的解释或援助。

所谓"话点要到位"是指富有智慧的女人，不仅懂得用面部表情表达自己的心声，而且还懂得察言观色。面对表达欲望强的人，她们会目不转睛地仔细地聆听，并不时地给予点头或回应，以给对方以踏实的回应；面对语寡少言者，她们则会不时地插入一些话或者话题，以引导对方与自己更好地交流下去；面对骄傲凌厉者，她们则会闭口不言，做聆听状；面对谦虚低调者，她们则会不时地对其话语或观点给予肯定或赞扬……总之，在任何场合，面对任何人，她们都能迎刃有余，应对自如，成为他人值得信赖的朋友。

总之，说话讲究"黄金比例"的智慧女人，最懂得与他人之间的互动与交流，并在不断的互动中，让自己的"人际舞台"不断地扩大、坚实。

> **· 心理导读**
>
> 智慧的女人说话不仅讲究"黄金比例"，而且还能做到"忠言逆耳"。面对朋友的不足或错误，她们会在充分了解对方心理特点和心理变化的基础上，再借以劝说的技巧，最终使对方心服口服地接受自己的观点、意见或建议。她们说话总是语气缓和，态度和善，能让对方在了解她们一番好意的基础上，并对她们心存感激。

57. 声音的魅力无可阻挡

♦ 心理探秘：

☆ 交际中，女人悦耳的声音是可以为其形象加分的。所以，在任何时候，女人开口说话，都要注意控制好自己的声音。

☆ 人人都喜欢与那些能发出悦耳声音的女人交谈，与这样的女人交谈简直就是一种艺术的享受。她们说话时，抑扬顿挫，引人入胜，就像一个出色的钢琴家，能将语言的节奏当作钢琴键而随意地拨弄，弹奏出一曲动人心弦的《高山流水》。

一位漂亮优雅的空中小姐参加一项选美大赛，竞赛时的评分标准要求不仅是身段姿态，还包括竞争者的谈吐。可是，这位小姐不仅习惯于喃喃低语，而且常常对别人的提问感到不知所措，她说出去的话，听起来就像猫儿趴在后院篱笆上浅唱低吟一般，让人不知所云。

后来，她经过了几个课时的艰苦培训，她说话的音调上升了四个音阶，而且发出了与她漂亮身材相匹配的圆润音色，最终她获得了比赛的亚军。这不仅由于她本身所具有的古典美，还因为她的声音。

由此可见，女人的声音的确可以为其形象加分。可以想象，一位女性，如果她有清脆圆润的声音，无论走到哪里，只要一开口说话，所有的人都会倾耳恭听。因为他们无法抗拒如此富有魅力的声音。那种真诚、爽朗、充满生命活力的声音就像从干裂的地面喷出的一股清泉，就像从静寂的山谷中涌出的一道急流，在每个人的心头涓涓流淌，恰似生命中最美妙的音乐。可见，悦耳的声音是女人在交际场上赢得人心的重要法宝之一。

对于此，著名推销员乔·吉拉德说："有人拿着100美元的商品，开价10美元都卖不出去,为什么?看看他的表情就知道了。要把商品推销出去,自己的面部表情很重要:它可以拒人千里,也可以使陌生人立即成为朋友。"可见,声音对交际的重要性。

李勋是一家贸易公司的经理,每天都会有许多人打电话与他洽谈合作事宜,而最近他却出人意料地与一家名不见经传的小企业签了一份为数不小的订单。

李勋说:"这还真得归功于那位打电话过来的女业务员。其实她也没有什么过人的口才,只是很客观地向我介绍了他们的企业和产品。她的声音低沉而有力,语调里传达出语言所无法表达的诚恳、热情和自信,我不由自主地就信任她。通了几次电话后,我又亲自去实地考察了一番,最终达成了协议。"

在这个重视效率的社会,很多事情已经无须靠人亲自去"跑脚",而仅仅依靠电话这个方便的工具就可以了。很多业务的洽谈,都是以电话交流为起点,可谓是"人员未动,电话先行"。电话的重要性,让我们说话的声音也显得极为重要。

生活中,很多女人重视面谈,而对于电话的沟通,认为"就那么回事",还有一些人工作了一天下班后就变得厌烦而不想接电话了,一旦接电话时就显得"爱答不理"、"有气无力"。她们觉得,反正对方见不到自己的本人,电话里"怠慢"一些,不会影响自己的形象。

其实不然,通过耳朵向人传递的信息,可以说不亚于通过眼睛传递的信息。而动听的声音在愉悦听觉的同时,也为说话的人增添了几分吸引力。所以,为了让他人对自己形成好印象,并由此赢得好人缘,不仅要注意自己的仪表和面部表情,而且还要注意训练自己说话时的声音。

不管我们的先天嗓音如何,在与别人说话时,我们都要从内心发出"热情"的能量,并把这种能量导向我们的喉咙,带着快乐、亲切的情绪,去和别人说话。经过了这样的训练后,我们的声音也会变得"悦耳动听"起来。

- **心理导读**

  女人要想让自己的声音悦耳，最重要的是要控制说话的音量。一个人在内心紧张时发出的声音往往又尖又高；而内心平静时，发出的声音则抑扬顿挫。所以，我们要表达丰富的内容，一定要注意保持内心的平静。

  很多时候，语言的威慑力、影响力与声音的大小是两码事，不要以为大喊大叫就一定能说服和压制他人。声音过大只能够迫使他人不愿意听你讲话而讨厌你说话的声音。与音调一样，我们每个人说话的声音大小也有其范围，试着发出各种音量大小不同的声音，并仔细地聆听，一定能找出最为合适的声音。

58. 不做"理性女"，要做"知性女"

♦ 心理探秘：

☆ 一个女人如果对事对物太过理性，只会显得"死板"、"无趣"，这样的女人是缺乏女人味的。

☆ "理性女"像一块方方正正的铁块，冰冷、缺乏圆润通透的韵味和情趣。"知性女"就像一块未琢的璞玉，经过时光的细细打磨，越发显得晶莹、圆熟，让你时时感到美丽绵延无绝期，青春辗转无尽头。

无论在婚恋场上，还是在交际场上，人们大都不喜欢"理性女"，但都会喜欢"知性女"。

"理性女"和"知性女"从字面上看去，可以这样讲：理性，就是事事都从理论的角度出发，为人做事都显得过于刻板、呆滞。知性，就是知道很多事情，但可以充当有趣的谈资。

"理性女"之所以不受人待见,身上有一种人缘"抗体",要么精明强干、曲高和寡,要么冷若冰霜、太善于掩藏自我。这类女人之所以让人望而却步,是因为有一种叫作"距离"类的物质。

而"知性女"便不同了,她们也博学,也强干,但却不乏热情和情趣,最重要的是富有亲和的魅力。她们或者颇具风情,或者多情,或者热情,总之,她们在保持理性的同时,总能适时地恰到好处地展露女人的属性,把自己的"情"让他人看得一清二楚。这样的女人,内刚外柔,内强外弱,精干而不乏亲切,陌生人愿意靠近,朋友愿意向她敞开心扉,男人愿意追求,客户愿意与之沟通,上司愿意与之交流,同事更愿意与之合作。

与"理性女"相比,"知性女"理性但不乏温润,感性却不张狂,典雅却不孤傲,内敛却不失风趣。她们虽算不上天姿国色,但却富有才情,而且温和、清爽、真实。她们飘散着温润的芬芳,愈品愈香浓,其中不仅有藏不住的妩媚动人的女人味,还沁出了淡淡诗情……

为此,女人要提升自己的吸引力,就该拒做"理性女",而努力做一个"知性女"。当然,"知性"是一种积累,是要靠女性的包容、智慧、勤奋与判断力一点点造就出来的。温存和顺、知书达理、积极健康地生活着,都是对"知性女"起码的要求。

同时,女人的"知性"还源于知识的深厚和广博。读书可以让女人天马行空,视野开阔。书中自有颜如玉,书中自有黄金屋,读书引领我们去穿越时空聆听孔子的教诲,可以欣赏曹雪芹"红楼"里的万种风情。可以在秦时的明月下低吟浅唱,可以到唐诗宋词里去触摸闺怨的凄美苍凉。用知识的清泉润泽灵魂的女人,会更自信、自强,更具有女人味。

正所谓"腹有诗书气自华",对书的钟爱,能让女人收获思想、愉悦情怀。庄子的超脱、陶潜的隐逸,岳飞的壮怀、李白的浪漫、李清照的婉约,都会给人一种澄澈之心、充沛之气、向上之力和女人之情韵。

一个"理性"又不乏"感性"情怀的女人,无论在哪里,干什么,都能散发出迷人的气质和魅力。

> • 心理导读
>
> 男人眼里:感性是女人最"性感"的个性。女人,如果遇到了一个中意的男人,别忘了性感一点,外加感性一点。"不必做漂亮的女人,不必做高雅的女人,但一定要做个有女人味的女人!"

 59. 得"理"要饶人,理"直"也不要气壮

♦ 心理探秘:

☆ 人不讲理,是一个缺点;人硬讲理,是一个盲点。在交际场上,"理直气和"远比"理直气壮"更能说服和改变他人。

☆ 说话固然要"得理",但绝对不可以"不饶人"。留一点余地给别人,不但不会吃亏,反而还会有意想不到的惊喜和感动。

☆ 苏岑告诉女人:做人做事,即便是理直也不要气壮。既然已经吃了亏,那就索性让这亏吃得更有价值。给别人的脚下垫一个台阶,你会看到世界对你双倍的赞赏。

现实生活中,一些女人的心胸比较狭隘,只要得了理,便不会饶人。不管是谁,只要抓住了对方的短儿,就要暴风骤雨地来一次彻底的清算!她就是要让对方长记性,总要给对方一点颜色看看,要让对方知道自己不是好惹的,要让他知道她的厉害!这样的女人,且不说有无优雅可言,更重要的是她会把对方往绝路上逼,给自己埋下永久的隐患。

刘琴是一家广告公司的策划员,工作能力很强,但人缘却不怎么好。主要在于她对人对事都太过较真儿,只要得理便不饶人。

有一次,同事不小心把她一份重要的文件弄丢了,她顿时火冒三

丈。怒气冲冲地去质问同事："凭什么要动我的文件？"同事也意识到了自己随便翻动别人的东西是不礼貌的行为，于是便连忙放下饭盒向刘琴道歉。刘琴哪肯接受，依然火气冲天地说："一开始拿文件的时候为何不向我打招呼？"同事惭愧地说："当时我用得急，你又不在，所以……""那我来办公室后，你为什么又不说话？"刘琴气呼呼地说着。同事说："我知道这份文件对你很重要，要不，我去找领导说吧，所有的责任我来负。""你负？你负责得起吗？"刘琴仍旧不依不饶。

同事一句话也说不出来。一旁的另一位同事刘威出面主持公道："刘琴，都一个办公室里的，现在重要的是想办法怎么补救，不该在这里争吵下去啊！"这时，旁观的同事也附和着。刘琴还是觉得心理不平衡，于是又要拉那位冒犯她的同事去找领导。

最后事情还是闹到领导那里。领导经过了解情况后，虽然主动化解了矛盾，但对刘琴的为人和处事能力产生了怀疑。从此之后，刘琴的人缘大不如前。同事们都一致认为："像她这样心胸狭隘、蛮不讲理的人，根本不值得与她交往！"甚至就连她之前的好朋友，也慢慢地跟她疏远了。

得理不饶人，遇事太过较真儿，只会让你的人缘越来越差。人不讲理，是一个缺点；人硬讲理，是一个盲点。心怀大度，但有时还是要给对方一个合适的台阶下，才是双赢之道。得人心者，最终得天下！女人要记住：理直气"和"远远要比理直气"壮"更能说服和改变他人。

总之，留一点余地给别人，给对方一个台阶下，少讲两句，得理饶人。否则，不但消灭不了眼前的这个"敌人"，还会让身边更多的朋友疏远你。俗话说，得饶人处且饶人。给对方一个台阶下，为对方留点面子和立足之地。这样做并不是很难，而且如果能做到，还能给自己带来很多好处。

- **心理导读**

  女人要记住：如果你得理不饶人，让对方走投无路，就有可能激起对方"求生"的意志，而既然是"求生"，就有可能不择手段，不顾后果，这将对你自己造成伤害。放他一条生路，他便不会对你造成伤害。况且，这个世界本来就很小，变化却很大，若哪一天两人再度狭路相逢，届时若他势强而你势弱，你想他会怎么对待你呢？

60. 职场中，哪些话说不得

◆ 心理探秘：

☆ 一个智慧的女人绝不会让舌头超越其思想。

☆ 人际关系就仿若前行路上的一把把锁，而语言是开启这些锁的金钥匙，主要看你如何运用和掌握了。如何跟领导更有效地沟通是一个人职业管理的一项重要内容之一。也许我们忘了自己跟领导说过什么话，但领导的记忆力是超好的，往往一句不经意的话可能透露出更多的说话者压根就想不到的重要信息。

置身于职场之中，如何与上司更有效地合作是自我职业发展的重要内容之一。也许我们已经忘记自己与老板说过什么话，但是老板的记忆力超好，很多时候，一句不经意的话可能透露出更多说话者压根儿就想不到的重要信息。美国《读者文摘》最新刊出了由加拿大职业培训公司Axmith事业导师斯科特和"TMP全球管理人员搜索公司"的克伦提出的"职场大忌"：

1. "我觉得这不是我的错"。当公司与团队中出现问题时，即便真的与你毫不相干，也千万别说"这不是我的错"、"我觉得我没有犯错等话语。这个问题肯定关乎公司里的上司或老板。这个时候，你应该尽快帮助对方出主意，而不是推卸责任。要知道，在这个时候提出解决方法正是表现你自身能力的一个重要的机会。

2．"这事没法做"或"这事一直就是这么做的"。工作中，面对难以应付的工作，我们应该多努力去寻找新的处理途径，帮助老板理清思路，而非固执己见，给老板或上司留下不好的印象。

3．"目前境况令我很高兴"。这句话的潜台词是"我不愿意尝试新的任务"。

4．"我需要一个更大的头衔"。在现代职场中，头衔并不能直接体现出你对公司的贡献与价值。"做出业绩"应该摆在首位，寻求自身位置应该放在最后，这样才能赢得老板的青睐。

5．"我效率很高，从不加班"。在职场中，你尽量要表现得从来不计较投入的时间，并且埋头工作，了解公司和客户，熟悉业务，做出业绩才最为重要。很多极为重要的信息以及策划通常都是在"非上班"时间内产生的。

6．"我只认识本部门的人"。要记住，在职场中，永远不要会一座"孤岛"。要务必了解公司各部门的负责人、其工作理念、做事的方法以及你的团队与其他部门的关系。

7．"这次该轮到我晋升了"。在现代职场中，你贡献能力的大小、特殊技能与公司各个部门的协调能力等，才是个人进步和成功的关键。

8．"我没什么新的工作内容要汇报"。要知道，对自己所从事的工作沉默或者言语不多，往往会给老板这样的信息：你工作不够投入。老板或者上司都欣赏那种有创新能力和工作讲求效率的员工。

9．"技术我不在行"。说这句话的时候，一定要明白"科学技术能让我们提升工作效率"的道理。一方面，一定要保持强烈的求知欲，加强学习；另一方面，要明白过分的谦虚便是骄傲。工作中，一定要积极地表现自己，随时与同事们较量一下。

最后，还需要注意，面对老板时，一言不发也不会有任何的裨益，因为老板期待的是信息、观点和想法。

> • 心理导读
>
> 　　你如果想做一个让领导、同事喜欢的人，最重要的就是提升自我工作能力。如果能同时做一个善于沟通、品行端正、和同事和睦相处的人，那就更好了。依靠"年纪小"、"可爱"、"新来的"就指望大家都来喜欢你，这几乎是不可能的。

61. 别犯"公主病"，它是社交"毒药"

 心理探秘：

☆ 要想与任何人相处和谐，要遵循最重要的一条原则：先向别人施与爱。

☆ 苏岑说，但凡那些"男女通吃"和社交女神，都是胸宽度大的乐天派。吃一点小亏，她不会放在心上，天长日久，她就会像块磁石一般牢牢地吸住众人的心，众人自然更愿意为她献上真心。

☆ 女人，在情场上，你可以做高高在上的"公主"，但不要指望做社交场上的公主。首先要学会对别人微笑。

　　郑彤是个长相甜美的女孩子，但人缘却极差。她甚是苦恼："为何我总和别人合不来，为何别人不能迁就一下我呢，为何她们从来都不会照顾一下我呢？"无论是谁，她总是希望别人处处能够哄着她、宠着她。

　　这样的女人犯的是严重的"公主病"，只想着别人对她好，都围着她转，这样极难会拥有好人缘的。

　　在社交场合，犯"公主病"的女人大多都是自信心过盛，处处想让别人以她为中心，获得"公主"般的待遇。她们骄纵、自恋，但是也很单纯、很天真、很自以为是，其出发点是为了获得周围更多人的关注。然而，在现实中，不是人人都愿意充当"王子"的角色的，于是，有"公主病"的女人就势必会受到众人排斥。

张雪是位典型的"公主病"患者，不管在家里还是在朋友中，她总是把自己当"公主"一般地对别人发号施令。

在家里，她是老公的"指挥员"，每天的饭食从不操心，老公会按照她的指示去买菜，然后做得尽量可口；看电视时从来都是她拿着遥控器选频道，哪怕是最冗长的肥皂剧，老公也必须打起精神陪她看。可以说，她想做什么就做什么，不管是吃穿住行，还是人情往来，老公处处都得迁就于她，经常搞得人疲惫不堪，总是处心积虑地躲着她。

在单位里，张雪也总是不顾及其他同事的感受，随意乱发脾气。更让人不可理喻的是，在项目合作上，她也总是要求同事处处以她为中心，凡是驳斥她观点的同事，都得忍受她无休止的唠叨。所以，很多同事都躲着她，不愿意和她交往。

与朋友交往时，张雪也总爱对别人"发号施令"，总要求朋友做这做那。吃饭时，因为她不能吃辣，就会命令朋友不许点辣菜，甚至还要求朋友按照她的审美标准去穿衣打扮，这样搞得很多朋友都不愿意与她来往了。

可以说，"公主病"是一种社交"毒药"，任何沾染它的人都会将其周围的人给"毒"倒，最终沦为孤家寡人。这样的女人与魅力毫无瓜葛。

对于女人来说，要与同事或是异性能够和谐快乐地相处，一定要遵循一条原则：要懂得爱别人、体谅别人。要知道，人与人之间的情感都是有温度的，你若用冰冷的心去触摸它，它亦是冰冷的；你若用热心去触摸它，它才会燃烧得更炽热。人世间无论是亲情、友情还是爱情，都是两颗心的互相取暖，而不是用一颗心去焐热另一颗心。如果你总是犯"公主病"，总要求别人来迁就你、来喜欢你、来爱你，那实在没有人会

真心地爱你和欢迎你！

> **· 心理导读**
>
> 爱是相互的。要想得到更多，首先要懂得尊重和付出。
>
> 与人交往，人人都是平等的。所有的人并不都是你的"王子"，他们可能也很想靠近你，但你如果总以高姿态的"公主"去对他们发号施令的话，他们可能就被吓跑了。

62. 唠叨，是你人缘恶化的"头号暗礁"

◆ 心理探秘：

☆ 陶乐丝·狄克斯认为："一个男性的婚姻生活是否幸福和他太太的脾气性格息息相关。如果她脾气急躁又爱说话，还没完没了地挑剔，那么即便她拥有普天下的其他美德也都等于零。"

☆ 有一些女人能让男人永不厌倦，不管外面的风景有多好，他总是眷恋着身边这盆鲜花。而有的女人则让男人一看见就想拔腿而跑，躲得越远越好。答案就是：你的存在，是否让对方感到舒服自在。人际关系也遵循这样一个规律，让对方舒服，是和谐交流的第一步。可以说，唠叨不仅是让男人无法舒服自在的最大恶敌，也是让女性厌恶至极的行为。爱说话、爱唠叨、喋喋不休的女人再有才华，再妙语生花，也无任何吸引力可言。

无论是在婚恋场上，还是在交际场上，总有这么一撮"唠叨女"：她们嘴巴张合的频率极高，总是喋喋不休，叽叽喳喳，没完没了，让人烦不胜烦。这样的女人，无论走到哪里，都唱主角，无休止的唠叨让她们像苍蝇一样想被人驱赶。时间一久，她的人缘便会迅速恶化，人人避之而唯恐不及。

对此，女人还迷惑不解：能说会道，能言善辩，该当是被人当优点来夸赞的啊！我的问题究竟在哪里？不错！依照常理，女人表达自我并非是错事，但若是整日都喋喋不休，说个不停，那便招人嫌了。可以说，唠叨是女人人缘恶化的"头号暗礁"，让其在防不胜防间，就会使她们辛苦搭建起来的"人际舞台"瞬间坍塌。

"老板老是和我抬杠，真不知道我哪里得罪他了！"

"为什么他总是和我作对？这家伙真讨厌！"

"我老公最近做生意赚了一大笔钱，刚买了一套400多平米的别墅，我星期天什么也没干，研究装修方案，可伤脑筋了！"

"我家儿子又在学校得奖学金了！哎，这孩子真是太争气了，和别的孩子就是不一样，学习方面都不怎么让我管！"

……

在生活中，很多女人都会因为某种问题，向同事或好友喋喋不休。但是，这些看似无伤大雅的话语，却是交际场上的"暗礁"，是一种杀伤力和破坏性极强的武器，它会让其他人对你产生一种避之唯恐不及的感觉。要是到了这种地步，相信你周围的人再也不会愿意搭理你了。

另外，在情场上，女人的唠叨也是导致"男人缘"恶化的头等"暗礁"。它能一次性地将女人苦心经营和悉心建立起来的幸福和感情在一夜之间摧毁。

据统计，男人讨厌女人做的事情之中，排在首位的便是爱唠叨的女人，且远高于排名第二的"不爱打扮"。

刘华经常向周围的朋友诉苦："我娶了个'唠叨皇后'，再也受不了她吹毛求疵、无休无止的抱怨和牢骚了，我只想解脱。"

原来，每天刘华下班后一回到家，老婆便会唠叨个不停。她指责他早上出门时忘了带钥匙，抱怨邻居把一个吃剩的苹果核扔到门前，讽刺院子里的小华小小年纪竟然对她不礼貌……刘华上一天班，原本感到很累了，回到家只想安静下来好好休息一下，但是老婆的唠叨却像紧箍咒似的让他越听越头疼。

长此以往，因为害怕她的唠叨，现在一到下班时间刘华就开始头疼。于是，他主动向老板要求加班耗时间，或者干脆到朋友家里去凑合，夫妻之间的感情几乎荡然无存，刘华只想能快点儿解脱。

卡耐基在他的《人性的弱点》中说过："唠叨是爱情的坟墓。"聪明的女人，如果你真的爱他，希望得到他的宠爱，想维持家庭生活的和谐，就停止唠叨吧！女人的爱说话就像漏水的龙头一样，能将男人的耐心消耗殆尽，会让男人感觉受到限制和压力，同时潜意识中会有一种不被信任的感觉，不知不觉地将对方推向逃离的边缘。

其实，女人的唠叨就像一把锋利的杀人不见血的刀，会让他认为女人是在管教他、抱怨他、催促他，从而产生逆反心理，并且逐渐积累起一种憎恶感，导致家庭矛盾甚至家庭的破裂。这是爱情和幸福婚姻的最大杀手，所以，要做个人缘好且幸福的女人，一定要减少开口的频率，管好自己的嘴巴。

- **心理导读**

  苏岑说："男人讲话是恋爱手段，沉默寡言与不善言谈的男人不受女人欢迎；女人讲话是恋爱目的，交男朋友也是为了找到一个可以无所顾忌、畅所欲言的人。"

  美国专栏作家陶乐丝·狄克斯说过："男性选择太太的首要条件是性格乐观，让他们和一个板着脸、啰里啰唆的女性吃牛扒，还不如在轻松快乐的气氛中吃粗茶淡饭。"

63. 旁敲侧击，用智慧让道理"拐弯"

♦ 心理探秘：

☆ 当你劝告别人时，若话语太直，不顾及别人的自尊心，那么再有道理的言语都会起到适得其反的作用。

☆ "直言"有时候并不能起到积极的作用，而旁敲侧击则能婉转地表达我们的意见或建议。这种说话方式暗示性、启发性强，如果对方能够接受，则可以不动声色地将问题解决，即便对方无法接受，也无关大局。

真正的有口才的聪明女人，都善于运用旁敲侧击的方法。所谓"旁敲侧击"，就是运用智慧将道理"拐个弯"，从而去劝服别人。生活中，每个女人都会遇到一些不平和不公之事，在这样的情况下，如果说话过于直接，那么就有可能伤害到人际关系。这时，聪明的女人思维就应该灵活一点，从侧面进行说服，这样一来既不把话说破，同时又让对方了解了你的意思，保持了和谐的人际关系，可以在轻松之中达到了说服的目的。

一位妇人到超市去买菜，一边挑选，一边把菜上一些稍不新鲜的菜叶给择掉了。营业员看到了，也不好意思直接说，只好笑着对那位妇人说："这菜叶长得真不结实，你看早上拉回来的新鲜菜，没多久，这菜叶就掉完了！"

这位妇人愣了一下，然后就不好意思地停下了自己的手，再也不择菜叶了。

营业员故意把妇人的行为说成是菜叶不够结实，既没有让她失去颜面，又照顾到了超市的生意，起到了很好的效果。其实，旁敲侧击讲究的是智慧，所以，女人在说话时，一定要懂得迂回的技巧，重视说服策略，这样就能做到"妙接飞镖，暗中回掷"。一旦掌握了旁敲侧击的本事，你就可以在双方不发生任何语言冲突的情况下将问题解决，还可以化解彼此间的矛盾，让对方佩服你的口才，接受你的意见。

女人在使用旁敲侧击的方法时，采用类比、比喻法不失为一个极好的技巧。我们可以通过用两种具有某一个相似点的事物来做比较，从而达到暗示或者警告对方言行不当的效果，使他明白自己心中的不满，更让他知道你说得没错，从而心悦诚服地顺从你。比如，当你面对一个充满悲观情绪与恶习的人，你不妨告诉他："你看，这马路边的树每年都要修剪，总要被工人剪去那么多的枝丫，可它却还是活得那么健康，比咱们都长寿！"这种委婉含蓄的说话，既避免了枯燥无味的说教，又能给予对方启发，从而达到说服的目的。

在旁敲侧击劝告的过程中，女人一定要注意自己的态度。侧面的敲打一定要柔和，强度一定要在别人能够接受的范围内，不然把别人敲打"火"了，你的话语便失去了意义。尤其是在说服女人的时候，我们更应该保持态度的和蔼，因为女性朋友的自尊心较强，心理也较敏感，很难容忍"凶巴巴"的口气。这个时候，我们就必须采用柔性的敲打法，而不与其进行争辩，否则，你再有道理，对方也不会认同和服从。

• 心理导读

说服是一场漫长的"拉锯战"，所以，我们不要贪快求全，指望通过一次交谈就取得良好的效果是不切实际的，尤其是对一些身份较高或不太熟悉的人。

女人在说话的时候，永远要记住：让观点在脑中多溜达，让舌头多拐个弯，这是说好话的基本要点。

运用委婉语言，可以起到烘托或暗示的作用，增强语言的吸引力和感染力。

Part3　自我控制：
运用心灵的力量，成为你想成为的人

　　心理学是一门探求人们内心秘密和心灵力量的学科。心理学家指出，人的心灵是具有巨大能量的，它在很大程度上决定了我们的一生。生活中，我们对人生的选择、对人生方向的把握以及对生活中的事物的掌握，大都与它有着密切的关系。但是，要想让自我心灵发挥巨大的能量，就要懂得自我控制和自我管理。对于此，哈佛大学心理学家指出，要想改变自己的潜意识，发挥出你的能量，首先就要学会自我肯定，我们的思想确实可以接受各种形式的暗示，从而让我们做出种种意想不到的举动来。如果你总是用积极的信号引导自己，告诉自己"我能够行"、"我可以做到"，那么你自身的潜能就有可能被激发出来，你就有可能取得成功，实现你的目标。如果你总是被一些错误的观念和消极的能量所控制，那么，只能让自己永久地生活在困顿之中，甚至还会被一些错误的观念毁了自己一生。

自我管理,女人一生的成长宝典

> 一个女人一生的成功与否、幸福与否、快乐与否,都与其能否做好"自我管理"密切相关。对女人来说,所谓的"自我管理",就是指个体对自我本身,对自己的目标、思想、心理和行为等表现进行的管理,懂得约束自己、激励自己,最终养成一种自控力、专注力、值得信任、为他人着想以及处事能力等,最终实现自我奋斗目标的一个过程。可以说,自我管理能力是女人一生的成长心经,每个女人都应该懂得和掌握它。

64. 女人的"第六感"暗示着什么

♦ **心理探秘:**

☆ 每个女人的心中都有一股炫秘的冲动,引领自己面向一个似曾预知的必然。

☆ 哈佛学院人文学家说:"害怕自己没有机会的人,多半得不到机会。"

☆ 当一个人不断地叮嘱自己"一定不能失败"的时候,往往这就是失败的前奏了。心理暗示,会扰乱一个人的心智。心智被打乱,实际行为自然也就只能跟着纷乱的感觉往下走了,走到尽头,突然一惊:原来跟我预感的一样!这就是女人"第六感"发生的心理模式。

"那次面试之前，我就感觉会被拒绝，果真如此啊！"

"那次比赛，我预感会失败，结果真的输掉了！"

……

如此这些，女人都会统称为"第六感"。女人的"第六感"果真那么准吗？它究竟暗示了什么呢？其实，这种现象，回归到心理学上，会有这样一个名词：墨菲定律。生活中，女人越是担心的事情，越容易变成现实。比如你的口袋里装着刚买来的手机，在公共场所生怕被盗走，于是，每隔一段时间就去查看手机是否还在。这一举动引起了小偷的注意，最终手机果然被偷走。就是因为内心越是害怕发生的事情，所以会非常在意，注意力也就越是集中，内心的担忧促使你越容易犯错误。正如哈佛大学教授戴维·麦克莱兰所说："人们总是爱将恐惧的事情惦记于心，这会促使恐惧的事变成现实。"

生活中，很多女人可能都有这样的体会：

新接了一项工作任务，因为缺乏自信，总是担心会出错误，结果真的出了大错。

与人合伙开了一家店，因为缺乏经验，总是担心会倒闭，结果真的因为客流量过少而倒闭。

在一个重要的会议上，总是担心自己的提议不被采纳，结果真的没被采纳。

在街上准备拦一辆车去赴一个时间紧迫的约会，发现街上所有的出租车不是有客就是根本不搭理你；而当你不需要出租车的时候，却发现有很多空车在你周围游弋，只待你稍一扬手，车随时就停在你的面前。

如果一个月前在浴室打碎镜子，尽管仔细检查和冲刷，也不敢光着脚走路，等过了一段时间确定没有危险了，不幸的事还是照样发生，你还是被碎玻璃扎了脚。

如果你把一片干面包掉在你的新地毯上，它两面都有可能着地；但你把一片一面涂有果酱的面包掉在新地毯上，常常是有果酱的那面

朝下。

……

关于这种"第六感"现象，心理学家解释道：你所害怕的事情，因为内心的恐惧和担忧，总会在你的大脑中排斥这种事情，甚至会排斥与这种事情类似的事情、类似的情景。你的潜意识中便存储了你所害怕的事情的情景或者说是景象，这种潜意识中存储的信息对你的影响力是巨大的，负面的心理暗示便真的会让你所担心或害怕的事情出现。就像一个人总是担心自己会患病，结果便真的患了病。人的心灵的力量是极为强大的，对于一件事物，如果你反复地想，什么都有可能变成真的。

这给女人以这样的启示：容易犯错是人类与生俱来的弱点，要防范不好的事情的发生，我们就应该尽可能地想得周到、全面一些。如果真的发生不幸或者损失，那就以乐观的心态沉着应对吧，这样可以使你的不幸向好的方面转化。

> **· 心理导读**
>
> 别跟傻瓜吵架，不然旁人会搞不清楚到底谁是傻瓜。
>
> 好的开始，未必就有好结果；坏的开始，结果往往会更糟。
>
> 你若帮助了一个急需用钱的朋友，他一定会记得你——在他下次急需用钱的时候。
>
> 你携伴出游，越不想让人看见，越会遇见熟人。
>
> 你爱上的人，总以为你爱上他是因为：他使你想起你的老情人。
>
> 你最后硬着头皮寄出的情书，寄达对方的时间有多长，你反悔的时间就有多长。
>
> 东西久久都派不上用场，就可以丢掉；东西一丢掉，往往就必须要用它。

65. "顶"着自己的名字，就要活出自己的样子

♦ 心理探秘：

☆ 在茫茫人群中，每个人都是平凡者。但很平凡的那些人，每天都在想："如何做一个不平凡者？"于芸芸众生中，你得先想好："我是谁？"

☆ 日本一位极为年轻的临终关怀主治医师大津秀一，在多年的行医经历中，亲自听闻并且目睹过上万例患者的临终遗嘱，他说："大多数人一生最遗憾的事情，就是'没有做自己'。"所以，身为现代女人，要想让人生不留遗憾，就要努力活出自己的样子。

一些人在网上曾这样调侃：

"孩子经常受父母支配去参加各种培训班，所以，他们的人生是父母的；学生每天都为考分拼搏，所以，他们的人生是考分的；职员每天为工作奔忙，所以，他们的人生是老板的……"

多数人的人生都是别人的，少数人的人生才是自己的。对于女人来说，你的人生是属于自己的吗？生活中的多数女人，其人生是属于家庭的、属于孩子的、属于丈夫的。她们天天围着他们转，却唯独忘记了做自己。

有位心理学家说，每个人都是独立的个体，勇于做自己是对人性的最大尊重。一个富有智慧的女人，首先是勇于关注自我的。她们除了料理好家庭外，会经常问自己："我是谁？我想从生活中得到什么？"尤其是已婚女人，如果能从丈夫和孩子之外找到属于自我的目标，这是女人最好的结果。一个女人除了属于家庭外，她首先要属于自己，然后才是家庭。这样女人的生活和生命才会呈现出最完美的状态。正所苏岑所

说："但凡能活出人样的人，都是只踏实'做自己'的人。"

勇于做"自己"的女人，总是能恰到好处地处理好各种关系与自己的各项事务，总能守护住自己那个可爱的自我，总是能遵循自己并为自己制定的生命路线去生活，绝不会因为他人的任何话而改变"自我意愿"或"自我初衷"。

索菲娅·罗兰是意大利著名的影星，她一生共拍过60多部影片，演技可谓炉火纯青，但是，观众对她的评价却是褒贬不一的。

索菲娅·罗兰在很小的时候就怀着演员梦，只身来到了罗马。一开始，她的从影之路很不顺利。因为她个子太高，臀部太宽，鼻子太长，嘴太大，下巴太小，根本不像一般的电影演员，更不像一个意大利式的演员。虽然制片商卡洛看中了她，带她去试了许多次镜头，但是摄影师们都抱怨无法把她拍得美艳动人。

于是索菲娅被告知如果真想干这一行，就得把鼻子和臀部"动一动"。然而，自有主见的索菲娅断然拒绝了这样的要求。她说："我为什么非要长得和别人一样呢？我知道，鼻子是脸庞的中心，它赋予脸庞以性格，我就喜欢我的鼻子和脸保持它的原状。至于我的臀部，那是我的一部分，我只想保持我现在的样子。"她坚信，要想登上演艺高峰，绝不是靠外貌，而是要凭借自己内在的气质和精湛的演技。

索菲娅没有因为别人质疑的目光而停下自己奋斗的脚步。最终她成功了，那些有关她"鼻子长，嘴巴大，臀部宽"等议论都"自息"了，这些特征反倒成了美女的标准。索菲娅在20世纪行将结束时，被评为这个世纪的"最美丽的女性"之一。

索菲娅·罗兰在她的自传《生活与爱情》中这样写道："自从我从影开始，我就出于自然的本能，知道自己该化什么样的妆，搭什么样的发型和衣服，我谁也不去模仿，从不像奴隶似的跟着时尚走。"

一位作家说："顶着自己的名字，想活成别人的样子。这类人，仅仅只对人生拥有冠名权，而不具备支配权。人这一辈子，要争取在各种场合写下自己的名字，更要争取为这个名字做点什么，让你的名字因你的与众不同而熠熠生辉。"一个人如果单单为了取悦他人而一味地满足自己的价值观，那只会离真实的自己越来越远，永远过不上自己想过的生活。只有全面而真实地活出自我，才不会盲目和迷失，才不会被他人的目光一层一层缠绕窒息。

女人，请好好呵护那个真实的自己吧！不要让岁月的风尘沾染了我们的感官，不要因他人一句赞扬的话而违背了自己的初衷。不要在忙碌之中迷失了自我，不要等到生命最后一刻，打开心门，才忽然发现那颗原本感动的心已经麻木，只剩下干枯的躯壳和永无止境的疲劳与困顿。

- **心理导读**

  女人要做"自己"，首先要有属于自己的独立的"梦想"。这个梦想不能依附于任何人，它要完完全全属于你自己。跟你的家庭成员毫无关系，这样即便他们不在，你也可以靠这个希望坚实地走下去。

  女人要懂得为自己保留一个空间和一段时间。女人为家庭牺牲无可厚非，但不要总把自己封闭在家里做这做那，却从没想过为自己做点什么。要懂得为自己腾出时间和空间来，到自己喜欢的地方做一些自己喜欢的事。爱好不仅可以让你永葆快乐，而且还会增添你的魅力。

66. 敢于对你的人生下达"指令"

☆ 但凡能赢得精彩人生的女人，总是对自己的人生有要求的。对人生没有要求的女人，永远做不了人生的大赢家。身为女人，如果你不想总是输，那就学会对自己的人生下达"指令"！

☆ 卡耐基说："有目标、不甘平庸的女人总会成功，而一个女人要想取得成功，她在目标面前一定是清醒的、理智的、和气的和能够坚持的。"

☆ 敢于对人生下达"指令"的女人，其潜意识和显意识都能发出巨大的潜在能量，能促使人勇往直前。

著名的心理学家丹尼尔·莱文森说："但凡一切不凡者，都是敢于对人生下达'指令'的人。这样的人，其人生具有'愿景的性质'，那种对未来想象出来的可能性，能让人热血沸腾、活力四射。"对于我们个人来说，对自己有要求，人生也辉煌。对自己没要求，人生也只能普通。成功者与失败者的差别，就在于他们对自己有明确的要求。那些有作为的人，都是敢于对人生下达"指令"的人，这样的人不仅有目标，而且还是富有勇气的。在困难面前，从不懈怠、不自负、不逃避。

一个女孩在追求目标的过程中遇到了挫折，常常感到痛苦。虽然她想要坚强地走下去，但是她已失去方向，非常茫然。她不停地厌烦、抗拒、挣扎，但是问题却一个接着一个，让她毫无招架之力。

当她的父亲知道她的痛苦后，拉起他的女儿，走向厨房。

父亲烧了三锅水。当水滚了之后，他在第一个锅子里放进一个萝卜，第二个锅子里放进一颗鸡蛋，第三个锅子里则放进了咖啡末。

女儿望着父亲，不知所措，而父亲只是温柔地握着她的手，示意她不要说话，静静地看着滚烫的水，以令人炽热的温度烧滚着锅里的萝卜、鸡蛋和咖啡。

一段时间过后，父亲把锅里的萝卜、鸡蛋捞起来各放进碗中，把咖啡滤过倒进杯子，问："宝贝，你看到了什么？"女儿说："萝卜、鸡蛋和咖啡。"

父亲把女儿拉近，要女儿摸摸经过沸水烧煮的萝卜，萝卜已被煮得软烂；他要女儿拿起那颗鸡蛋，敲碎薄硬的鸡蛋壳，让她细心观察这个水煮鸡蛋；然后，他要女儿尝尝咖啡，女儿笑起来，喝着咖啡，闻着浓浓的香味。

然后女儿问："爸爸，这是什么意思？"

父亲说："这三样东西面对相同的逆境，也就是滚烫的水，反应却各不相同。原本粗硬、坚实的萝卜，在滚水中却变软了、稀烂了；这个鸡蛋原本非常脆弱，它那薄硬的外壳，起初保护了它液体似的内容物，但是经过滚水沸腾后，鸡蛋壳内却变硬了；而粉末似的咖啡却非常特别，在滚烫的热水中，它竟然改变了水。"

"你呢？我的女儿，面对沸水，你愿意是什么？"

女儿说："我愿意做咖啡。"

慈爱的父亲摸着虽已长大成人、却一时失去勇气的女儿的头，说："当逆境来到你的门前，你做何反应呢？你是看似坚硬的萝卜，但痛苦与逆境到来时却变得软弱，失去力量吗？或者你原本是一颗鸡蛋，有着柔顺易变的心？你是否原是一个有弹性、有潜力的灵魂，但是却在经历死亡、分离、困境之后，变得僵硬顽固？也许你的外表看似坚硬如旧，但是你的心和灵魂是不是变得又苦又倔又固执？或者，你就像咖啡？咖啡将那给它带来痛苦的沸水改变了，当它的温度升高到100多度时，水变成了美味的咖啡，当水沸腾到最高点时，它就越加美味。"

面对逆境，你愿意是什么？面对沸水，萝卜变软了，鸡蛋变硬了，只有咖啡变成了散发着香浓味道的水,把沸水改变了。小女孩选择了做咖啡,是父亲的话让她重新找到了人生的方向,坚定了自己的目标,在实践中学习和锻炼,最后,她实现了自己当初的理想。

敢于对人生下达"指令"的人,其在前进过程中是有力量的。就像故事中的小女孩,她选择了做咖啡,她就为自己确定了目标,她不再痛苦,不再感到没有希望,她真的成了她所希望的那样。而同时,那些对人生无要求、无目标的人,会过得迷迷糊糊,看不清前面的方向,很容易让人产生疲惫感,使人丧失热情,情绪低落,人生也会过得一塌糊涂。

在哈佛,曾有人做过这样一个实验:组织三组人,让他们分别朝着十公里以外的度假村步行。第一组的人不知道度假村的名字,也不知道路程有多远,只告诉他们跟着向导走就是。刚走了两三公里就有人叫苦,走了一半时有人几乎愤怒了,他们抱怨为什么要走这么远,何时才能走到。有人甚至坐在路边不愿走了,越往后走他们的情绪越低落。

第二组的人知道度假村的名字和路程,但路边没有里程碑,他们只能凭经验估计行程时间和距离。走到一半的时候大多数人就想知道他们已经走了多远,比较有经验的人说:"大概走了一半的路程。"于是大家又簇拥着向前走。当走到全程的3/4时,大家情绪低落,觉得疲惫不堪,而路程似乎还很长,当有人说:"快到了!"大家又振作起来加快了步伐。

第三组的人不仅知道度假村的名字、路程,而且公路上每隔一公里就有一块里程碑,人们边走边看里程碑,每缩短一公里大家便有一小阵的快乐。行程中他们用歌声和笑声来消除疲劳,情绪一直很高涨,所以很快就到达了目的地。

实验中的"度假村的名字",便如人生的"指令"一般,有"指令"的人,才能很快到达目的地,就像第三组人。因为能看到希望,所以会让人产生精神,就像第二组人一样,当他们走到3/4的路程时,加快了脚步。对前方的一无所知,就会对结果无法估计,这样人容易产生倦怠

Part 3 自我控制：运用心灵的力量，成为你想成为的人

心理，像第一组人一样。所以，生活中，身为女人，我们要经常把行动与"指令"对照，拉近与它们之间的距离，这样才更容易轻松愉快地到达目的地。

- **心理导读**

　　敢于对人生下达"指令"的女人，无论在什么时候都活得最有尊严。这样的女人，有远见，目光更犀利，要比别人看得长远；头脑更理智，要比别人想得周全；思想更智慧，要比别人参悟得透彻。

　　身为女人，如果你在年轻时没有一个明确的长期目标，那么现在就一定要及时为自己的幸福人生规划一张蓝图。把自己最大的梦想标在最顶部，再从下往上，把你每个年龄阶段想要做的事情、要实现的小目标都标注出来，然后按照这个线路图一步一个脚印地前进，总有一天，你会登上成功之巅！

67. 什么样的女人常赢不输

◆ **心理探秘：**

☆ 一个能赢得天下的强大女人，一定具备两个特点：能聚和气，并且还懂坚持。

☆ "和"是中国文化的精髓之一，正所谓"和气生财"、"家和万事兴"。所谓的成功，似乎都离不开一个"和"字。而一个不同凡响的女人，一定是拥有聚"和"的能力的。

☆ 哈佛心理学家说："当下的人，心中如果有一个大目标，那么就选择矢志不渝地坚持下去，千万不要操之过急。起初，也许你每天能够抽出一个小时来从事它，但是即便是一天一个小时，也意味着一星期有7个小时，10年就会有3650个小时。所以，从现在开始，设立了目标之后，就开始盯紧目标，这是成就自己人生的必备的心理基础。"

什么样的女人常赢不输？

每个女人都想知道这个问题的答案。

其实，生活中那种能转动生活棋盘，在各种场合都能应对自如的女人大都有两个特点：聚和气，懂坚持。

细数世界上的每个不同凡响者，他们的成功似乎都离不开"人缘"两个字。比尔·盖茨说："一个人永远不要靠自己一个人花100%的力量，而要靠100个人花每个人1%的力量。"卡耐基说："成功的85%源于人际关系，15%源于专业知识。"世界顶尖励志大师安东尼·罗宾说："人生最大的财富是人缘，因为它能为你开启所需能力的一道门，让你不断地成长，不断地贡献社会。"日本销售之神说："要像爱自己那样爱别人。"可见"人缘"对推动个人成功有着极为重要的作用。在中国，人与人之间也最讲究一个"和"字：和气生财、以和为贵、家和万事兴……说的都是成功与好人缘的密切关系。

对此，心理学家也指出，成功除了要有较高的智商和机遇外，还需要拥有良好的人际环境。当你敏锐观察自己的内心状态和外界人际关系时，才能让自己变得更为和谐，也把这种和谐传递给周围的每一个人。如果每个人都这样做，我们的社会将会变成一个和谐的大家庭。生活在这样和谐的社交环境中，你的人生也会获得圆满的成功。所以，一个常赢不输的女人，一定是与人为和的。她具备赢家的"群众基础"，她擅长与人打成一片，懂进退，令人愿意与她交往，不知不觉间，大家便会自愿自发地帮助她去赢。

无论在职场中还是生活中，每个女人都不想输，但能赢的女人基本上具备超强的人际亲和力，她的一颦一笑都充满了吸引力，遇上了难题，大家会齐心解决。总之，这样的女人聚集了"和"的气质，无论任何时候，她绝不是一个人在战斗。

同时，这样的女人还有一种特质，那便是她有耐心去赢。生活中，很多女人总觉得，去打拼事业，获得成功，那是 30 岁之前的事情。一过 30 岁，人老珠黄，自己便不具有去拼事业的资本和底气。这样的女人不在少数。在 30 岁之前，她缺乏经验，赢不了人生；而 30 岁之后，她便没有了斗志，便放弃了输与赢。无论什么时候，我们都要坚信，多年的努力也许会在下一秒钟获得成功。

由此可见，一个对自己前途思路清晰，对人生善于规划，具有"人和"气质，对成功充满信心的女人，不仅仅是成功的，而且还是无敌的。

可见女人若是想赢，就一定要练就这两种品质：聚和气，懂坚持。

- **心理导读**

  要想使自己的人生获得成功、幸福和快乐，必须要学会营造一个良好的人际关系。一个良好的人际氛围，是充满和谐、信任、友爱、团结、理解的，在这样的氛围中，人与人之间思想感情上的交流，能够给人以前进的动力，使人在遇到挫折、困难时能获得别人及时的帮助，能让人始终处于一种积极向上的激情中，容易让人形成乐观、积极、自信的人生态度，使人的情操和心理环境得以净化，思想境界得以升华。而不良的人际关系则很容易导致猜疑、冷漠、忌妒、苦闷、孤寂、萎靡和痛苦的精神状态，这是人生的最大阻碍。

  心理学家指出，人的意志很容易受到周围外部环境的影响，安逸、困难的外部环境，都会动摇意志，让人放弃自己所坚持的。而成功往往取决于最后一步的坚持，所以，这个世界上的辉煌都被那些意志坚强者所摘取。

68.7年的"一万小时定律"

◆ **心理探秘:**

☆ 花1分钟想一想,曾经最想做的事情是什么,然后每天去做这件事。7年后,你会发现你已经可以靠这件事出去打拼了。

☆ 哈佛著名的心理学家埃伦·兰格说:"在现代社会中,作出无奈选择的人越来越多,专注内心修炼的人越来越少;心理容易受到挫折的人越来越多,坚信'付出总有回报'的人越来越少;迷失在各种各样目标中的人越来越多,专注于一项事业的人越来越少;容易受情绪控制的人越来越多,冷静思考的人越来越少……这一切皆源于专注力缺乏的缘故。"

心理学家曾做过这样一个调查结论,一个人如果要掌握一项技能,成为专家,需要不断地练习10000个小时。为此,我们可以算这样一笔账,对于一项技能,如果我们每天坚持练习5个小时,每年按300天计算的话,那么需要7年的时间,一个人才能真正地很精通地掌握这项技能。

当然,这一结论也是有心理学依据的。心理学家指出,一个人在保持专注的前提下,人的大脑就会对某一知识或技能进行感知、记忆、思维认知等活动,而大脑要真正地熟知和掌握这一活动的内部规律,则大约需要10000个小时,这便是所谓的"一万小时定律"。

刘佳原本是一位小学教师,她大学学的是数学,但却一直爱好会计的工作。于是,她在23岁刚参加工作时,就每天坚持学习会计专业知识。每天除了上课,她都会抽出3个小时的业余时间用来参加会计班的培训学习。就这样,今年32岁的她,已经完全精通和掌握了这项技能,并且还考取了国际会计师证书。如今的她,已经辞去了教师的职务,任职于几家大型集团公司的会计总监,总是天南地北地满世界跑,年收入已经达到了近百万。她坚持学会计已经快10年了,非专业出身的她因为爱好而一直努力,在专业的道路上越走越远。

身为女人的你,是否有特别的爱好呢?如果有,那么就赶紧行动起来吧。你每天可以坚持学习或练习3个小时,那么10年后,你便能成为这个领域里的专家。比如,你想成为律师,你每天只需要按照你既定的程序进行练习,坚持10000个小时,你就完全可以成为一名有名望的律师了。你想成为一名作家,那就每天坚持练习,那么10000个小时后,你也许就可以成为一位有名的作家了。

可生活中,还有一些女人会问:"我在职场中做了10年文员,为何还是一名文员呢?为什么在家里做了7年的饭,却没变成超级大厨,反而发现婚姻到了7年之痒呢?"

那是因为,你没有投入精力和热情来练习一项技能。每天上班只是看报纸、上网应付各种琐碎任务,大家干吗你干吗;每天做饭只是为了让家庭正常运转,没有用专业的眼光来看待这件事。

生活中的许多女人,工作的内容并不是在练习技能,大部分是琐碎的人和事,实际上,这是对人生的一种荒废。

也许你会说,我是平凡人,我不想成为什么人,只想安安分分过日子。那只是你的错觉,时间在流逝,你每天重复、重复再重复的那些行为,就是在塑造你,你不想成为什么人,可是你注定会成为什么人。

每天5个小时,如果你是用来在网上冲浪、看八卦、聊天,那么7年后,你只会变成一个生活的"旁观者"。你最擅长的就是如数家珍地谈论别人的成功,艳羡他人的成就,而自己身上却找不到任何可以说的东西。

所以,身为女人,你现在应该花1分钟仔细地想一想,你曾经最想做的事情是什么,然后每天去做这件事情。7年后,你就会惊喜地发

现,你完全可以靠这件事情去干属于自己的事业了。

哪怕是你喜欢逛街呢,你规定自己每天逛街3个小时,可能一开始你会觉得很高兴,每天如此,你就会发现很无聊,再坚持下去,你就开始琢磨了:我逛街还能发现点什么,还能搞出点什么花样?坚持下去,7年之后,你可能会成为时尚达人、形象设计专家、街拍摄影师、服装买手……

生命中的下一个7年,下一个10000小时,你打算怎样度过?

> • 心理导读
>
> 身为女人,在工作和学习中,你能感到心不在焉吗?你看问题的角度不可避免地过于单一吗?你总是沉浸于以往的过错中无法自拔吗?你觉得自己的潜力已经无法发挥到极致了吗?你感觉自己的生活是要失控了吗?……心理学家指出,这都是缺乏专注力的缘故。要想在7年内成为某一个领域的专家,还需要有较强的"专注力"的!

69. 学会适当推迟你的"满足感"

🍂 **心理探秘:**

☆ 那些虽有目标但一生却庸庸碌碌,达不成目标的人,就在于性格中都不乏"好逸恶劳"的成分。

☆ "推迟满足感"是获得不凡人生的重要秘诀。推迟满足感,意味着不贪图暂时的安逸,重新设置人生快乐与痛苦的次序。

生活中,许多怀有梦想的人,多数都败在"坚持"二字上。对此,哈佛大学心理学教授斯特伯格·詹姆斯认为,多数人没有将自己既定的目标坚持下去，主要与其性格有关系。他认为，习惯推迟满足感的人才更容易成功。何谓"推迟满足感"？心理学家通过一个事例来说明：

35岁的露丝是一家律师事务所的顾问，有一天，她走进心理咨询室想纠正她在最近几个月里总是拖延工作的恶习。

心理咨询师问了她一些常规的问题之后，问她："你是否喜欢吃蛋糕呢？"

她不假思索地回答道："喜欢！"

"你更喜欢吃蛋糕，"心理咨询师接着问，"还是蛋糕上涂抹的奶油？"

她兴奋地说："啊，当然是奶油啦！"

"那么，你通常是怎么吃蛋糕的呢？"心理咨询师接着又问。

她不假思索地说："那还用说吗？我通常是先吃完奶油，然后才吃蛋糕的。"

为此，心理咨询师从吃蛋糕的习惯出发，重新探讨了她对待工作的态度。正如心理咨询师所预料的那样，在上班的第一个钟头，她总是会把十分容易的工作先完成，而在剩下的6个钟头里，就尽量规避最为棘手的差事。这便是人的性格中好逸恶劳的因素所致。

为此，心理咨询师给了她这样的建议：在上班的第一个钟头，先去解决那些麻烦的差事，在剩下的时间里，其他的工作便会显得十分地轻松。考虑到她的工作是律师，于是心理咨询师这样向她解释其中的道理：按一天7个小时计算，1个小时的痛苦，加上6个小时的幸福，显然要比1个小时的幸福加上6个小时的痛苦划算得多。她完全同意这样的计算方法，而且坚决照此执行，不久就彻底克服了拖延工作的坏毛病。

推迟满足感，也就是说，不贪图暂时的安逸，重新设置人生快乐与痛苦的次序：首先，面对问题并感受痛苦；然后，解决问题并且享受更大的快乐，这是比较可行的良好的生活方式，也极容易取得成功。

其实，这种推迟满足感的生活方式是可以培养的。在生活中，我们要学会自律的生活方式，避免只贪图眼前安逸带给自己的不利。例如在幼儿园里，有的游戏需要孩子们轮流参与，如果一个5岁的男孩多些耐心，暂且让同伴先玩游戏，而自己等到最后，就可以享受到更多的乐趣，他可以在无人催促的情况下，玩到尽兴方休；在吃蛋糕的时候，我们不要一口气把奶油吃完，我们可以选择先吃蛋糕，后吃奶油，就可以享受到更多的甜美的滋味；在晚上工作的时候，我们先以正确的态度对待工作，先把工作完成，然后再去享受与朋友一起快乐的时光……以这样的生活方式坚持下去，你们的实践便可以得心应手。到了成年期，这种生活方式将成为你的一种习惯，那么，你便可以除掉性格中好逸恶劳的成分，你便可以更多地享受到生活中的快乐和幸福时光。

> **· 心理导读**
>
> 　　惰性是一种慢性毒药，它慢慢地征服勇气，使你变得迟钝。
>
> 　　有拖拉习惯的人常对自己说："我现在不想做，我要等到心情舒畅以后再去做。"问题在于，如果想等到"心情舒畅"，那么可能要等到永远。
>
> 　　真正有所成就的人都知道，干什么事，不管喜欢与否，也不管你的心情好坏，得先行动起来再说。一旦你真正行动起来，事情往往比原来料想的要容易对付得多。

70. 你想成为什么样的人，就能成为什么样的人

心理探秘：

☆ 心理学家汤玛斯·萨斯说："人们经常会信口说什么尚未找到自我，但是事实上，自我并不是被找出来的，它是被创造出来的。"

☆ 心理学家威廉·詹姆斯指出，信念会在许多方面以化学方式影响我们的心理和生理，让我们更确定成功的到来。一个人拥有了坚定的信念，那么，他的心理和生理就会呈现出最佳状态，即为：进取心更强、更为专注、注意力更为集中、更大的力量、更多的精力以及追求胜利的坚强意志和决心。

哈佛校长普西曾说过这样的一句话："你想成为什么样的人，也就会成为什么样的人，这需要依靠信念来完成！"关于信念，心理学这样解释道："我们所拥有的任何观念，都是自我情感的凝聚。如果我们内心相信了它，那么，一个普通的观念就会升级形成我们的信念。"

信念左右每个人心念、思维活动的范围，并且还以某种模式规范着自我的思考方式。我们的情感资料都会被"框"在这个模式中运行——思想的框框在哪里，心念就只能在那里徘徊。也就是说，一个人只要拥有了信念，那么，其心念便会在那里驻足，最终就能产生巨大的能量、激情、热望，促使人完成人生目标，实现梦想。

其实，信念的力量就是种子的力量。种子只要在生命存在的情况下，总会生根发芽，最终会破土而出。拥有信念的人敢于直面自己的人生，能够坦然地面对挑战，这样的人会以不屈不挠的斗志、忍辱负重的方式，认真地学习与总结经验，脚踏实地地突破重重障碍，去改变自己的命运，最终取得惊人的成就。

曾经有一支探险队进入一片无人区,在茫茫的沙漠中,四周荒无人烟。在这种情形下,大家的水都喝光了……眼看着这一望无边的沙漠,大家的神情都表现得无比地难看,他们也感到生存下去的希望极为渺茫……就在这时,队长拿出一只水壶说道:"这里有一壶水,但是穿过沙漠之前,谁也不能喝。"

也就是在这个时候,大家仿佛看到救世主出现了。一壶水成了穿越沙漠的信念之源,成了求生的寄托目标。水壶在队员们的手中传递,那沉甸甸的感觉使队员们濒临绝望的内心又燃起一丝希望。终于,他们凭借毅力走出了沙漠,挣脱了死神之手。大家都喜极而泣,用颤抖的手拧开那个水壶。

可见,人生从来就没有真正的绝境。无论遭受多少艰辛,无论经历多少苦难,只要一个人的心中还怀着一粒信念的种子,那么总有一天,他会走出困境,让生命之花重开的!

你的信念指引着你的行动,你的行动带你走向成功。这是一个过程,它让你向着目标前进。信念犹如一支火把,在远处照亮,即使看不清,也隐藏着变成现实的可能性。

100多年前,一位穷苦的牧羊人带着两个幼小的儿子替别人放羊。有一天,他们赶着羊来到一座山坡上,一群大雁鸣叫着从天空飞过,很快消失在远方。

牧羊人的小儿子问父亲:"大雁要往哪里飞?"

牧羊人说:"它们要去一个温暖的地方,在那里安家,度过寒冷的冬天。"

大儿子眨着眼睛羡慕地说:"要是我们也能像大雁那样飞起来就好了。"

小儿子也说:"要是能做一只会飞的大雁多好啊!"

牧羊人沉默了一会儿,然后对儿子说:"只要你们想,你们也能飞起来。"

两个儿子试了试，都没能飞起来，他们用怀疑的眼神看着父亲。

牧羊人说："让我飞给你们看。"于是他张开双臂，学着大雁的样子，但也没能飞起来。可是，牧羊人肯定地说："我因为年纪大了才飞不起来，而你们还太小。只要不断努力，将来就一定能飞起来，到那时，你们就可以去任何想去的地方。"

两个儿子牢牢记住了父亲的话，并一直不懈地努力着。等到他们长大，哥哥36岁，弟弟32岁时，两人果真飞起来了，因为他们发明了飞机。

这个牧羊人的两个儿子，就是美国著名的莱特兄弟。

牧羊人是一个好父亲，他给了两个儿子极大的自信。作为家长，是孩子的第一任老师，孩子的成长过程中一定要多加肯定。无论他们有多么奇特、不可思议的想法，不要轻易否定他们。他们最需要的是长辈和老师给予的希望和鼓励。这是他们以后能否成才的一个很关键因素。

强烈的信念能够激发出惊人的力量，它是成功的动力源泉。在你遇到困难时，它可以帮助你积极地想办法解决问题。而在你一无所有的时候，它又能带给你勇气，使你重新站起来，继续前进，直到成功为止。

因此，你做任何事情的时候都要给自己树立一个坚定的信念。这个信念会产生巨大的力量，引领着你走向成功。

心理学家指出，决定一个人是否处于最佳状态的因素便是你的信念。当你的心中只为一种可能的结果所盘踞时，你的心灵就会产生一种魔力。你的思考过程和整个神经系统就会将一切的力量都凝聚于产生这个结果，最终达成目标。

由此可见，在生活道路上，身为女人，我们完全可以利用心灵的力量，让自己表现得更好。你可以重复地告诉自己："我能做到！我一定能做到！"我一定会做到！在重复这些话的同时，也要想象着你想要达到的表现水准，不要让任何相反的念头窜入你的心中。学会忘掉它们，成功者永远只想着胜利。

而同时，那些认为自己会失败的女人，总是绝对相信将会有不好的结果一定会发生，所以她们总是缺乏信心。她们的错误就在于总是将自己满腔的信心放在不想要的事情上！唯有我们所相信的思想最后才会落实到我们的生活中，这是因为潜意识只接受我们所相信的事物。所以，要想拥有成功，先学着给自己的心中种下一颗信念的种子吧！

- 心理导读

　　信念是人生的支柱，是沙漠中的绿洲，是航海时的灯塔。信念像鸿鹄飞越山岭，像骆驼穿越沙漠，高洁的信念和持久的耐力始终是生命价值的两个筹码。以利益为支撑的团体极易动摇，以信念为纽带的集体坚如磐石。

71. 你要成功，还是要成长

◆ 心理探秘：

　☆ 在任何时候，女人的成熟比成功更重要，成长要比赚更多钱重要。

　☆ 很多女人都在追求物质财富，而有一部分女人却在追求自我成长。走过一段历程后，我们会发现，其实当一个人内心强大、修养足够时，获得财富只是顺带的事，成功是优秀的附产物！

　　有这样一则寓言：

　　一棵苹果树，终于结果了。

　　第一年，它结了10个苹果，9个被拿走，自己得到1个。对此，苹果树愤愤不平，于是自断经脉，拒绝成长。第二年，它结了5个苹果，4个被拿走，自己得到1个。这时，它却很高兴地笑起来："哈哈，去年我得到了10％，今年得到20％！翻了一番。"这棵苹果树的心理终于平衡了。

但是，它还可以这样：继续成长。譬如，第二年，它结了100个果子，被拿走90个，自己得到10个。

很可能，它被拿走99个，自己只得到1个。但没关系，它还可以继续地成长，第三年结出了1000个果子……

对于苹果树而言，得到多少果子不是最为重要的，而最为重要的是，苹果树在成长！等苹果树长成参天大树的时候，那些曾经阻碍它成长的力量都会微弱到完全可以忽略的。所以，对于苹果树而言，最好的生长法则是：在任何时候都不要太过于在乎能结出多少个果子，成长是最为重要的。

这则寓言给现代职场中的女人以这样的启示：你是否是一个自断经脉的打工族呢？

刚入职场时，你觉得才华横溢，于是意气风发，坚信"天生我材必有用"。但对于无经验且刚入社会的新人来说，一般情况下，企业或公司都会分配给你一些零碎的、看似无关紧要的工作：打印文件、端茶倒水、跑腿打杂，你苦闷难当，觉得自己的才华被埋没；或许，你刚开始能为单位做出贡献却没受到重视；或许，你只得到口头的重视但却得不到实惠；或许……总之，你觉得就像那棵苹果树，结出的果子自己只享受到了很小一部分，与你的期望相差甚远。于是，你便开始消沉、失落、愤怒、懊恼、牢骚满腹……最终，你决定不再那么努力，让自己的所做去匹配自己的所得。几年过去后，你一反省，便发现当下的你完全已经没有当初的才华和激情了。

"看穿了，看透了，成熟了。"多数女人都习惯于这样自嘲。但是实际上，你已经完全停止成长了。

这样的故事，在我们身边比比皆是。许多女人之所以会犯这样的错误，是因为她们忘记了生命本身就是一个历程、是一个整体。她们总觉得自己已经成长过了，现在是该到结果子的时候了。她们都太过于在乎

人生一时的得与失,而忘记了人生的成长是最为重要的。

　　成长是一个寻求自我的过程,是让自己的心灵和内在有一个空间去向某一个目标伸展的过程。成功在人生当中可能只是昙花一现,但是成长是一个持续的过程;成功在很大程度上依靠外在和别人对你的评价,但是成长却是内在的,你可以很真实地感受到内心的愉悦、强大的内在力量。人在成功时,就会对未来患得患失,因为总担心失去。但如果你的内在力量延伸了,自我得到了成长,那就没有任何人、没有任何力量可以剥夺。有时失去成功的速度可能比退潮还快,但是缓慢的成长却可以让你时刻地充满自信心。如果我们这个社会能把人生成长的过程作为一种成功的标志,那么我们每一个人都可以成为一个成功者。

　　所以,对于女人来说,如果你是一位打工族,在职场上遇到了难以忍受的人和事,那么,一定要懂得提醒自己一下,千万不要因为你的激愤和满腹牢骚而自断经脉,阻止自我成长。无论遇到什么事,都要做一棵永远成长的苹果树,因为你的成长永远要比你每个月能拿多少钱更重要。

> **· 心理导读**
>
> 　　其实,成长是一个过程,成功只是结果。对于一个人来说,如果没有好的过程,会有好的结果吗?再说,成长是人的心境的不断升华,是随着时间的推移而不断积累的,而成功却是靠机遇再加上积累的资本而拥有的。也就是说,有成长不一定有成功,但不成长则肯定没有成功。

72. 你从事的是自己最擅长的工作吗

🌸 心理探秘：

☆ 富兰克林说："宝贝放错了地方便是废物。"在人生的坐标上，如果你站错了位置，在你不擅长的领域里谋生，当然会异常艰难。接二连三的失败可能会使你的意志逐渐消沉，从而永远卑微地生活下去。

☆ 索尔格纳夫说："每一个人不要做他想做的，或者应该做的，而要做他能做得最好的。拿不到元帅杖，就拿枪；没有枪，就拿铁铲。如果拿铁铲拿出的名堂比拿元帅杖要强千百倍，那么拿铁铲又何妨？"能做得最好的就是最擅长的，不选择自己最擅长的工作是愚蠢的，就相当于拿自己的短处和别人竞争，结果必然是失败。

女人要在职场或社会中取得成就，最为重要的一点就是要从事自己最擅长的工作。对于此，毕业于哈佛的名人拉尔夫·爱默生认为，一个人应积极发现自己的优势，做自己最擅长的事。沃伦·巴菲特说："我自认为，自己与一般人的最大差别就在于：我每天起床后，有机会做自己最想做的事。如果你们想从我身上学到什么，这就是我最中肯的建议。"

电影《美国队长》中有一幕，让人印象深刻：

为了测试士兵们的勇气，切斯特·菲利普斯将军把一颗手榴弹扔进了操练中的队伍。所有人立刻吓得四散跑开，唯独体格最为瘦小的史提芬·罗杰斯扑上前去抱住了手榴弹，试图去保护同胞。这个举动，透露了他"专注（目标明确）"、"信仰（坚持核心价值）"与"责任（说到做到、值得信赖）"的特质，强烈到足以弥补身材的缺陷，成为他被选为"美国队长"的关键因素。

在穿上美军制服前，罗杰斯曾因身材缺陷被验退5次，但他没有放弃梦想——因为每一个人，都有独特之处。

其实，所谓的成功，不是去抢最炫、最出风头的事，而是用自己最适合的方式做自己最擅长的事。哈佛大学教授霍华德·嘉纳主张，人有语言、逻辑、人际等8种智能的范畴，只要你去发挥最擅长的一项，一定能取得超乎人想象的成就。

投资大师沃伦·巴菲特是个典型的例子。一般人对投资者的印象是激进、大胆、怀疑，但是巴菲特仔细、务实、有耐心。他没有急着去改变自己以适应社会的期待，而是把性格的优点反映在投资风格上：精读财务报表，只投资业务简单、变动不剧烈的企业。对此，《发现你的天才》一书中这样归纳巴菲特的成功：善用自己的长处，佐以教育和经验，才成就了今日的投资大师。该书的作者杜拉克也同意这个结论："知道自己的长处，就能够找出自己擅长的工作方式。如果一直以自己不擅长的方式工作，就会落入成效不彰的境况。"这也解释了为什么即使看似付出了同等努力，有些人在某些领域似乎轻松地就能赢过对手，而被称为"天才"。

电影《阿玛迪斯》中，深刻揭示了"平凡"与"天才"的差异。宫廷乐师萨列里呕心沥血的作品，莫扎特却只需更动几个音符，就能够画龙点睛。最后，被嫉妒啃噬的萨列里，设计逼死了莫扎特。

对此，杜拉克的忠告是，与其被"不能做什么"的执念困住，你更该花时间思考"自己能做什么"。在远古时代，做什么工作几乎是天生命定；然而在现代，能自由地选择职业的现代社会，"勤能补拙"不再是颠扑不破的真理。所以，不要花过多的时间和精力去提升自己表现平平的领域的能力，而是应该集中全力加强自己的长处，因为"要把弱点加强到一般水平，比把一流的能力加强到超越一流更为耗费精力"。

当然，对于女人来说，要做自己最擅长的事情，首先就要了解自己的长处。哈佛大学著名心理学家埃伦·兰格说："了解长处只有一种方法，就是反馈分析。"那么，如何去发掘自己的天赋和长处呢？埃伦·兰格指出："天赋会体现在自己喜欢的事情上。当一个人发挥其长处时，会觉得仿佛处在时间静止的'顺境'中，毫不费力就表现出自己最好的一面。"这种感受，与苦练却无法进步的挫折感截然不同。

兰格博士指出，一个人的"能力"是"长处"、"知识"和"技巧"的总和。比如说，要说服客户购买产品，必须要结合产品知识、销售技巧，还有"让客户点头"的特质。前者可以通过学习、练习获得，但后者则是一种天生独特的能力。换句话说，通过辛勤的练习和学习，只能把一件事做到80分；唯有加上天赋与长处，才可能接近完美。

当然，要发现自己的长处，就要在选定自己最喜欢做的事情之后，还要再进行"反馈分析"：立刻写下期待得到的成果，一年之后，再把实际结果与期待做比较。我们一生的工作时间长达近50年，"唯有了解自己长处的人，才能一直享受工作"。

所以，建立真正能力的关键，应该是"顺着天赋做事"——先找出最主要的天赋，再用知识、经验与练习把它磨亮。

总之，成功有很多途径，逆着长处硬拼是费力工作；顺着天赋选择有利位置，才算得上是轻松工作。唯有了解自己的长处，才知道自己适合什么样的组织和工作，才知道自己在什么情况下能做出贡献，也才懂得选择走最轻松、优雅的那一条路，并且周而复始地、自信地发光。

> **• 心理导读**
>
> 　　弱项不会让你成功，能让你成功的是你的强项。
> 　　有的人之所以成就高，也就是他们这一生就做了这一件擅长的事而已。
> 　　每天，要把重要的事情先拿起。
> 　　空杯心态，是优秀的心态。

73. 成就都来源于自我推动

♦ 心理探秘：

☆ 如果你想要更上一层楼，就为别人提供超出预期更多、更好的服务。每一次都尽力超越上次的表现，很快你就会超越周围的人。

☆ 挑战就是一种巨大的自我推动力，它可以促使人不断地更新自我，坚强地直面困难，可以加快一个人迈向成功的步伐！拥有这样的性格的人，始终坚信自己能够成功，往往自己就能成功，这主要是人的潜意识在起作用。

很多有追求的女人，都想在自己的有生之年做出一定的成就。但是，你知道取得成就需要的关键因素是什么吗？

心理学家认为，人的思想意识是一个人跨越成功的主导力量，它就像人体的"软件"一样，对人的行动起主导作用。思想意识有两个主要的组成部分，就是显意识与潜意识。当显意识做所有的决定时，潜意识则会做好所有的准备。换句话说，显意识决定了"做什么"，而潜意识便会将"如何做"整理出来。显意识就像是冰山浮出水面的一角，而潜意识则是埋藏在水面下极深的部分。

一个拥有挑战性格的人，是有极大的勇气的，他一旦下决心做成某件事情，那么，他就会凭借自身的勇气和胆识驱动潜意识的力量，冲破重重的障碍，直达成功！

亨利·福特被称为现代新工业之父。他年轻的时候，在一家电灯公司做普通的工人。但是，他是个勇于挑战自我的人，在车间中，他总是挑最难干的工作去尝试。有一天，他突发奇想，产生了要设计一款新型引擎电器的想法。在欢喜之余，他就把自己的想法告诉了他熟悉的一位朋友。这位朋友对此很是支持，还鼓励他说道："天下无难事，你就试试吧！"

于是，他回到家里，把家里所有的旧电器都翻腾出来，就钻在自家的棚子之中，开始研究他的想法，这是一次伟大的自我挑战。

冬天，天气极为寒冷，他的手都冻得发紫了，牙齿也冻得在不停地"咯咯"响，但是，他觉得一定要将自己的想法变成现实，并不断地告诉自己："引擎的研究已经有了头绪，再坚持一下，就能成就全新的自我。"就这样，他用极大的勇气，克服了生活中的重重困难，在旧棚子中苦战了三年，终于将自己"异想天开"的想法变成了现实。

这一天，福特和他的朋友乘坐着一辆不用马拉的马车，满大街地晃悠。街上的人都被这一景象吓破了胆，有的还躲在远处偷偷地观望。也就是从这一天起，这个对整个世界都产生深远影响的新生事物，就在"亨利·福特"勇于挑战自我的性格的驱使下产生了。

到后来，亨利·福特在这种性格的驱使下，一步步地迈向了成功。他决定制造 V8 型汽车时，他要求工程师们在一台引擎上面安装上 8 个完整的气缸。工程师们摇了摇头，说道："这是绝对不可能的！"听了这话，福特自己立马怒气十足，命令道："谁认为不可能，就走人！"工程师们都不愿意自己失业，只好按照福特的想法去做。因为这些工程师都认为这是一件不可能完成的工作，于是，他们的潜意识中就认为是不可能的，所以，6 个月后，还是没有一丝进展。亨利·福特就自己亲自出马去挑战这一难题。在这期间，他付出了巨大的努力，他认为，只要是自己认定的事，就没有不可能！他反复研究，在几个月后，终于获得了成功，成功地制造出了 V8 型汽车。

这就是挑战型性格的巨大推动作用。福特就是依靠着自己不寻常的勇气和胆识，一步步地迈向事业的巅峰的！

马克思说："成功的路上有许多条歧路，只有敢于挑战的人才能到达光辉的顶点。"成功之路坑坑洼洼，只有敢于挑战自我、挑战困难的人，才能不断超越自我、完善自我、更新自我，直达最后的成功。

另外，勇于挑战自我的人，绝不会坐失对自己有利的手段或机会。他会在任何时候，都能够最大限度地利用一切可调动的资源和条件，为自己所用。他会在看起来似乎毫无希望的时候发现生机，从而化险为夷、转逆为顺。每次陷入困境，对他来说就是一次生命的洗礼，都是迈向辉煌的另一个转折点！

- 心理导读

　　一个悲观、自卑的人，其"自我内在的心灵"是非常幼稚和虚弱的，这样的人极容易被"消极的暗示"所征服和统治。在某些特定的因素的刺激下，他会认为自己不如别人，无法赶上别人，从而就进行自我否定，事事都自惭形秽，最终一败涂地。其实，悲观、自卑的人，其容易失败的障碍主要在于其内心，只要克服了内心的"幼稚和虚弱"，那么，便很容易走向成功。

Part 3 自我控制：运用心灵的力量，成为你想成为的人

女人获取幸福的心理"密码"

> 对于女人来说，别人眼中的幸福未必是真正的幸福，只有内心深处的幸福才是真正的幸福。而女人要从自己的内心获取快乐和满足，就一定要懂一点心理学，握住幸福的心理"密码"。掌握了幸福心理学的女人是最聪明和富有智慧的，她们能够运用心理学的规律，掌握自己的命运，掌控自己的内心，避免误入痛苦的境地，并通过丰富的内在，运用心灵的力量，在现实生活中不断地体味幸福，享受精神的愉悦。

74. 悲苦的自我催眠作用

♦ 心理探秘：

☆ 苏岑说："有些女人，天天把'苦'放在嘴边。其实，不见得是真苦。也许仅仅只是，她把自己催眠了而已……"

☆ 女人一旦沉浸在情绪之中，便会不顾一切地夸大事实：她能把幸福夸大100倍，同时，也会把悲苦夸大100倍。

有一只小猴子，肚皮被树枝划伤了，流了许多血。它见到一个猴子朋友便扒开伤口说："你看看我的伤口，可疼了。"每个看见它伤口的猴

子都会安慰它、同情它,告诉它不同的治疗方法。于是,它就继续给朋友们看伤口,继续听取他人的意见,后来它便因伤口感染而死掉了。一只老猴子,很是遗憾地说,它是自己伤害自己而死掉的。

这个故事告诉我们:痛,说一次就复习一次。生活中,很多女人也在做像小猴子一样的事情。她们装了满肚子的苦水或痛苦,不断地向他人诉说:生活压力太大,儿子不听话,老公不理解自己,被领导批评……总之,只要稍不顺心,就会抱怨不止,成为名副其实的"怨妇"。

有的女人爱夸大事实。生活中,无论幸福还是悲苦,只要一经她们的情绪过滤,就会变得更幸福或者更悲苦。她们沉浸在自我情绪中,稍微遇到一些不顺,便会给自己编故事,把自己的境遇添油加醋地修饰,让别人觉得自己已经到了惨不忍睹的地步。女人夸大悲苦的事实,其实是希望全世界的人都能站在她的这一边,心疼她、怜惜她,并给予她安慰或同情,然后获得心理上的平衡和安慰。

事实上,当一个女人习惯了让自己沉浸于悲苦中,不断地向周围的人诉说,那么,其未来的日子,便离悲苦真的不远了,因为日后她会觉得周围的世界对她越来越不公平。这种心理暗示,总有一天,会真的让她处于悲苦之中。这便是悲苦的自我催眠作用。生活中,许多悲苦的"怨妇",都是这么养成的。

露西毕业于美国一所著名的学校,毕业后得到了一份待遇较好的工作,生活还算令人羡慕。但是她有一个缺点,那就是爱抱怨。她总是牢骚满腹,不是抱怨这个,就是抱怨那个,仿佛全世界的人都对不起她一样。在工作中,她不是抱怨那个太笨,就是抱怨这个太工于心计。在朋友中,她会当着一个朋友说另一个朋友的不好,好像这个世界上所有的事情都是令她讨厌的。

有一次,露西又和一位同事抱怨上了:"你不知道,我们公司其他部门的人太有心计了。老板太小气了,用人特别狠,总想用最少的钱让我们干最多的活,每天把我给累得不行,真的想辞职不干。还有我们公司的副总，一天到晚自己不干活，还不停地训斥别人，真是无法忍受了……"总之，她将公司里所有的人都指责了一番。

一开始，面对露西的抱怨，朋友和同事都会好言相劝，让她摆正心态，但是慢慢地，他们见到她后，都会躲之不及。公司的同事和朋友给她起了一个外号叫"怨妇"，没有了朋友，露西整个人真的就变得抑郁起来，感受不到任何的快乐！

女人要知道，每个人都不想成为他人情绪的"垃圾桶"，你无穷尽的抱怨，会给他人带来极大的负面影响，就好像将他人置于阴雨连绵之中，见不到一丝阳光。生活中，没有人喜欢生活在那样的环境中，为此，人们见到那些爱抱怨的人，一定会退避三舍、敬而远之，而爱吐苦水的那个人，也自然变得阴郁起来了。所以，女人想要从苦海中脱离出来，第一步要做的解除自我催眠吧！

- **心理导读**

　　"抱怨"是让女人远离幸福的根源。你若去抱怨，全世界都会成为你抱怨的对象；你若不抱怨，生活中的一切都是美好的。要知道，一味地抱怨不但于事无补，有时候还会把事情变得更糟糕。所以，无论现实如何，我们都不应该抱怨，而是要依靠自己的努力去改变现实并且获得幸福。

75. 一个"钱"字，能抵多少幸福

♦ 心理探秘：

☆ 有钱的世界固然很美好，但是"钱"不能解决生活中的一切难题，比如幸福。

☆ 那些总以"钱"作为衡量幸福标准的女人，总有一天，她会明白，那个能视她如宝、捧她在手的男人，所能给予她的感觉有多么地美好。

☆ 钱可以使你的世界变得更绚丽，但有钱的世界并不如你所想象的那般美好和舒服。身为女人，不想在人生中转站时懊悔，不想在人生终点站时遗憾，那么，在人生起点时，请睁大你的眼睛，踏实地走稳每一步！

"男人有经济实力，女人说话的胆子都会大些，就连呼吸也会均匀些吧。"

"你看看，这条项链是上个月老公刚刚送我的，市场价卖好几万呢！我感觉好幸福哦！"

"嫁汉，嫁汉，穿衣吃饭，没有经济实力的男人，拿什么保证能给我幸福呢？"

……

女人衡量幸福的标准似乎总与"钱"字密切相关。不可否认，有钱的世界的确很华美，能让一个女人的生活变得绚丽起来。但是，"钱"真的是衡量幸福的标准吗？有了钱，真的就能得到幸福吗？未必！

上古时期，后羿和嫦娥是自由恋爱而结合的一对夫妻。两人一起相扶相持，恩爱无比。后羿曾为造福黎民百姓，用弓箭射下9个太阳而受众人所拥戴，这其中，离不开嫦娥的支持。后羿也因此对妻子感激不已。

但是，两人在一起生活久了，总会觉得无趣。结婚多年，日子早已平淡如水。身为妻子的嫦娥难免会生出一些不满情绪来。正值年轻貌美的她，不甘心就这么守着这个男人慢慢变老，她需要的是富有激情的生活。

后来，后羿从王母那里求得了仙丹，一个人享用可得道成仙，两个人分享可以长生不老。他欣喜若狂地想回到家与妻子一起分享，准备与嫦娥做不老夫妻。但是，嫦娥却动摇了：一辈子守着这个男人，日子该有多么地无趣。最终，她便趁丈夫不在家，偷偷吃了仙丹，平地升空，一直飞升到月宫中，成了真正的神仙。

月宫里寂静无人，嫦娥此时感到从未有过的孤单，慢慢怀念起与丈夫在一起的生活：虽然那个男人不浪漫，也有些无趣，但他好歹是深爱着她的。当初他对她的好，让她心中充满了温暖。从此之后，嫦娥开始不断地后悔。月宫里美食、锦衣数不胜数，可是，失去了与自己一起分享的人，这些锦衣玉食有何意义？

做个寂寞的富婆其实根本不幸福！嫦娥拥有了一切，但是却真正地失去了幸福。

在某个夜里，嫦娥偷偷下界，到了之前的家。她隔着窗户，看到了往昔的恋人：紧皱眉头，满目惆怅，呆呆地望着月亮。嫦娥的心猛然抽动了一下，第一次发现自己丢失了生命中最贵重的东西。但是，内心再后悔也是徒劳，她正在接受因一时贪婪而受到的惩罚：那就是要在广寒宫冷冷清清地忍受生生世世的煎熬。

成仙的感觉并不美好！同样，有钱的感觉，也并不是我们所想象的那般美好。锦衣玉食，身边如果没有真正能与你分享的人，一切都变得无意义。可见，一个"钱"字，抵不了任何幸福，因为幸福根本与"钱"无关。

在一本名叫《蓦然回首》的小说中，有这么一句话："真正幸福的生活，并不是什么轰轰烈烈，而是一壶水，简简单单，平平淡淡，而在

加热时,却也会泛起一些波澜……"其实,真正的幸福,就是人内心的一种感觉,它与外在物质的多寡无关。一个心灵富足的人,哪怕物质再贫乏,内心也是快乐和幸福的。一个衣着体面,每天出入高档写字楼的富人未必就会比路边摆小摊的人快乐。每个女人都有属于自己的幸福,能和自己两情相悦的人牵手未来,能依照自己的内心的想法做自己想做的事,那就是幸福。

• **心理导读**

幸福其实就是平淡生活中的一种温馨的感觉,一种在安宁状态下的甜蜜的体验,一种在宁静状态时舒心和惬意的味道……当你早上睁开眼睛,看到满屋的阳光时的舒心的感觉,便是一种幸福;在阳光明媚的上午,抱着自己喜欢的书,坐在露天的阳台上,享受风吹过,文字划过的清凉,便是幸福;是在小雨淅沥的午后,安静地走在郊外的小径上,望望在雨中不断跳舞的小草,不断地听听雨滴落在世界中的声音,便是一种幸福;是在华灯初上的傍晚,闲散走在路上听到一首熟悉的老歌,驻足,让回忆在脑海中逐渐地清晰,便是一种幸福;在繁星满天的夜晚,和心爱的人坐在田野旁边静静地看星星眨眼睛,看萤火虫飞舞,看远处的霓虹闪烁,便是一种幸福。

76. 一个"等"字，让女人失去了什么

♦ 心理探秘：

☆ 人生最痛苦的一件事，不是得不到幸福，而是它向你走来，你却一脚把它踢开，然后在"等"字中将它消耗掉。

☆ 幸福如人饮水，冷暖自知，它不是一个遥远的目标，而是一个享受当下的过程。只要怀有一颗感恩的心，感恩生命、感恩生活、感恩关爱自己的每一个人，幸福就无处不在、无时不有。

☆ 生活就似登山，我们并不要为了登山而登山，而应着重于攀登中的观赏、感受和互动。若忽略了沿途的风光，你永远无法体味到其中的乐趣，登山也失去了原有的意义。人们最美的理想、最大的希望便是过上幸福的生活，而幸福生活是一个过程，不是忙碌一生后才能到达的一个顶点。

"我要努力工作，等我有了钱，我就好好地安排一次旅行，好好地享受一下生活！"

"我要努力挣钱，等我有了房，我就好好布置一个温馨的家，和家人一起体味幸福。"

"我要努力表现，等我升了职，我就能真正地腾出时间，到外面度假了。"

……

女人总爱把对生活的一些美好愿望，寄托于一个"等"字，总觉得，幸福是"等"来的，是在某一物质条件得到满足后，才能真正享有的东西。于是，我们总是被生活中的忙碌占据：每天上班、下班，忙碌一天后，多数人还要被无休止的应酬所缠绕，我们的心灵好像被上了发

条一般,生命也变得机械、紧张、麻木、苍白,丝毫感受不到生活的任何精彩和乐趣。要知道,幸福存在于我们生命所经历的每一个过程之中,它是一个过程,并非是忙碌一生后所到达的顶点,紧张与麻木更不是生活该有的常态。为此,聪明的女人,一定会抛开生活中的一切,放开心中紧绷的弦,适时地让自己清闲下来,真切地去感受奋斗过程中的幸福和快乐,如此才能重新找到生命的意义和幸福。

一位事业上成功的企业家每天都要承担巨大的工作量,没有一个人可以为他分担公司的业务。在每天繁重、忙碌的工作之余,他还要提着一个沉重的手提包回家,包里装的全部是必须由他亲自处理的急件。

整日紧张劳累的工作,使这位企业家身心疲惫,身体每况愈下,不得不到医院去进行诊疗。对此,医生给他开了一个处方:每天散步两个小时;每个星期都要抽出半天的时间到郊外的墓地去一趟。

这位企业家对此很是不解,说道:"为什么要在墓地待上半天呢?这与我的身体健康有什么关系吗?"

"因为……"医生不慌不忙地回答道,"我只是希望你能够四处地走一走,瞧一瞧那些与世长辞的人的墓碑。身处墓地时,你可以仔细地思考一下,他们生前也与你一样,认为自己能扛得住全世界的事情,如今他们全部长眠于黄土之中。也许将来有一天你也会加入他们的行列之中。然而,整个地球的运动还是永恒不断地进行着,而其他世人则仍是与你一样继续地为工作、为生活忙碌着,丝毫不会因为谁而改变什么。整个世界年年月月就这么不断地循环着,永无止境!"

至此,企业家终于悟到了其中的道理,生活的意义不在于紧张、忙碌,应当学会适当地放松,让心灵有所解脱。唯有如此,生活才能过得更有意义、更加美好。

从医院回来后,企业家就放慢了一向匆忙的脚步。只要上班时间一过,他就会慎重地放下沉重的手提包。晚饭后,他就会携同妻儿一同到户外去散步,并且还按照医生的叮嘱,抽出一些时间去墓地冥思。当他平静地投身于这一切时,他就能真切地感受到好像有人在静静地聆听他诉说那不堪重负的压力一般,安慰他那压抑的心灵。从前那种累累重压的苦闷也被驱除了,这种轻松的心态也使得这位企业家在事业上平步青云,在生活中乐观开怀,活得滋润极了。

所以,在百忙之中的你,是否想过适当地停下来,给自己的心灵放个假,让它充分享受放松所带来的愉悦感呢?别总以为将心装得满满的就是一种莫大的充实,其实卸下心灵的负荷是一种莫大的幸福。

人生是一条单行道,永远不可逆转。你如果只工作,为活下去而拼命地工作,得不到任何闲暇,还有什么情趣可言呢?所以,从现在开始,聪明的女人学会给自己留点时间轻松一下吧,如此这样生活才会多姿多彩。如果时常将自己置于大自然中,任心灵自由自在地驰骋,让人在物我两忘的境界中,将天地万物置于空灵之中,这是何等地惬意,何等无拘无束,何等舒畅的心境啊!

- **心理导读**

  幸福对不同的人会有不同的答案,幸福的定位没有固定的标准,其高低与否完全取决于你自己。在日常生活中,不妨多听听自己内心深处发出来的声音,生活随处俯拾皆是幸福。

  幸福总会真实地在我们身边出现,我们能否让自己感受到这些幸福,就在于自己是否真正地把握过、珍惜过。

77. 女人多数的"不幸福"都是"比较"出来的

🍁 心理探秘：

☆ 女人的"比较战"中，没有赢家，比来比去，最终会毁了自己的好心情，甚至会毁掉自己的幸福。

☆ 沉浸在情绪中的女人，总爱跟自己较劲：日子过得好，烦；日子过得不好，也是烦！

☆ 我们追求的是幸福也就罢了，怕就怕我们追求的是"比别人幸福"！幸福，不是用来炫耀的，也不是用来比较的，而是用来感受和体验的。生活，是用来体味的，而不是用来计较的。

面对事业有成的昔日同窗好友，男人会自我安慰："人家事业成功，是人家努力的结果。咱也不错，比上不足，比下有余。"

面对穿金戴银的闺中密友，女人则会幽怨自怜："她才貌资质样样不如我，凭什么她就能过得那么舒服，而我却落后于她？"

面对优于自己的人，有的男人爱给自己"打气"，而有的女人则会让自己"泄气"。对有的女人来说，哪怕收入微薄，哪怕身居陋室，哪怕粗茶淡饭，只要不去外面"比较"，都没问题，但是一到外面，众人扎堆一议论，心中马上会生出许多失落感和不平衡感。不得不说，这些女人生活中诸多的"不幸福"，都和与他人的"比较"密切相关。

"她职位比我高，收入比我多，所以，她比我幸福！"

"她嫁的老公是金领精英，我的老公只是普通的小职员，所以，她比我幸福！"

"她儿子上的是名牌大学，我的孩子连大学都难考上，所以，她比我幸福！"

……

某些女人的"不幸福"，永远是一串清单，而清单上的每一条款，大多都是与别人"比较"得来的。心理学家指出，人正是因为在人群中习惯了仰视，所以才滋生出许多烦恼来！生活中的幸福是用来感受的，并不是用来比较的。然而，我们总是习惯于拿那些比我们强的人进行攀比，这样就常常会迷失自己，让本有的幸福与我们擦肩而过！

有道是：山外青山楼外楼，比来比去何时休？"好"只是相对的，只要把握当下，谁都可以拥有属于自己的幸福，为何要比来比去的呢？人也只有用心去感受自己的幸福，才能真正体会生命的美好。

刘梅与丈夫一同用积攒了几年的工资在北京五环边上买了一套二居室的新房。房子是他们精挑细选买下来的，交房后，两人又一同商订了装修风格，一同买自己喜爱的家具。一切就绪，两人一同搬进去后，感到十分舒服。每天上下班后，她的脸上都会洋溢着幸福的微笑与满足的感觉。

然而，没过多久，她的这种美好的感觉却被朋友的另一套房子打碎了。原来，刘梅的一位好朋友最近也买了一套房。装修后，对方就打电话让刘梅到家中来参观。朋友的房子地段很好，而且房子还特别大，里面的装修都采用高档的材料。刘梅从朋友家中回来后，脸上的笑容就消失了。她原本的幸福，被好朋友"更好"的房子给冲击掉了。

"比较"的心理会冲击掉原本幸福的感觉！要知道，别人的房子再好，花的钱自然要多，付出的辛苦也多，那就让对方"更好"吧！自己不想太累，不想背负太大的负担，买一个舒适的小窝，独自感受当下惬意的生活，不是很好、很幸福吗？

与他人"比较"，往往会让你只看到别人的光环，会给自己带来诸多阴暗和不愉快的感觉，怀有比较的心理去工作或者生活，即便再有优势，也难免会使自己的心理失衡，也不会有愉快的感觉。比较是极为危险的，会让我们忽略或者不满足于自己所拥有的，会让我们错失掉很多美好的东西；比较会撩拨起我们的野心，也是在诋毁我们自己所做的一切努力，让我们所得的和已经拥有的变得毫无生机和意义……

所以，要想永久地生活在幸福之中，就不要再去比较了，而是用心感受自己当下所拥有的一切吧！

> • 心理导读
>
> 　　对于平常人来说，幸福就是 10 岁的时候过年穿着新衣服，拿着压岁钱，挥舞着烟花和小伙伴们一起玩耍；幸福就是在 20 岁的时候与几个铁哥们儿天南地北地调侃、喝酒，然后想到伤心事就抱头痛哭；就是在 30 岁的时候与自己心爱的人走过红地毯，一起装扮属于自己的小窝；就是在 40 岁的时候看着自己的孩子在镜子面前打扮，然后夸她比她老妈当年还漂亮；就是 50 岁时跟自己的孩子一同勾肩搭背逛街，然后被人说成是情侣；就是 60 岁的时候过年一大家子能聚在一起，除夕钟声响起时坐在一起热热闹闹地吃饺子；就是 70 岁时牵着老伴儿的手，一起在公园中散步，并且一起坐在长椅上静静地看夕阳……

78. 幸福，永远属于寻找幸福的女人

♦ 心理探秘：

☆ 女人，只有让自己的内心变得强大，能轻松自如地主宰自己的生活，自找快乐，生活才会真正对你微笑。

☆ 有一种女人，不管她的老公是建筑工人，还是公司总裁，她都有能力让自己过得幸福、变得快乐。

☆ 有位哲人说，一个家庭幸不幸福，80%以上取决于女主人。有能力让自己幸福，有能力给男人幸福，才是聪明的好女人。

"老公身边总是美女如云，平时回家连看都不看我一眼，烦！"

"老公总与不同的女同事闹出绯闻，每天总是很晚才回家，真烦！"

"老公的电话总是在半夜还响起，天天忙工作，抽不出一点时间陪我，真是烦！"

……

似乎，女人的幸福总与男人的爱密切相关。这样的女人在情场上总是处于弱势状态，把自己当成男人的依附，会不自觉地陷入一种"男人给我幸福，我就幸福；男人不给我幸福，我就不幸福"的被动状态，这样的女人，因为缺乏自我独立的意识，所以，总是很难获得幸福。然而，生活中还有一种女人，她们的内心是强大的，无论和谁在一起，无论嫁给谁，她都有能力让自己过得幸福而快乐。

柳媚是一个家庭主妇，中等姿色，学历也不高，却嫁了个好老公。老公原来只是一所学校的老师，他们住在筒子楼里，生活很是艰辛。她在烟熏火燎的楼道里为老公做饭，饭后老公会陪着她边洗碗边聊天；周末他们会手拉手去看电影。柳媚觉得这样的日子虽然清贫，但却甜蜜幸福。

后来，老公开始经商，几年后，事业有成，柳媚过上了物质丰裕的生活。但是，老公陪她的时间却越来越少。而柳媚却并不感到伤心，每天与闺密一起逛街，做家务，忙得不亦乐乎。老公的生意越做越大，身边不乏很多漂亮、成功的职场丽人。尤其是一个叫张妮的女性，与老公的关系很是暧昧不明。柳媚周围的姐妹都为柳媚打抱不平。但是柳媚却依旧像往常一样，看自己的书，种自己的花花草草，照顾刚上小学的女儿。

每天老公回家的时候，她会给他递上舒服的拖鞋；在他起床洗漱的时候，会提前给他挤好牙膏。她对烹饪的兴趣越发浓厚，时不时来些新奇的花样。比如把香蕉切成小块，浇上酸奶，然后裹上全麦饼干屑；去凤凰旅游的时候学会了用蒜叶和新鲜芫荽加干辣椒炝炒；跟婆婆学会了做四川泡菜……种种的小创意，让她在外面吃惯了大鱼大肉的老公回到家里就会忍不住多添一碗饭，赞一句"还是家里的菜好吃"。柳媚也会

把周末的时间精心策划起来,待老公有空的时间,带上孩子,开车到附近的农家乐,踏青、郊游。如果老公没空,她就会自己带着女儿到儿童乐园,或者是看最新上映的动画大片。每次娘俩儿都会开心地回家,女儿大声欢笑,柳媚红光满面。

老公总是担心,如果柳媚询问那个令人难堪的问题,他真不知道该如何回答。但是柳媚却丝毫不理会那件事,只管自己开心地过日子,从不多问一句。当然,她也不断地在改变自己:她恢复了几分婚前活泼可爱的样子,穿衣打扮越发地精致;她参加了瑜伽课,学打网球;组织姐妹旅行团去夏威夷,回来后容光焕发。她甚至开始学习画画,竟然可以与一些知名的设计师交流心得了。老公突然也觉得,这个小女人身上原来有如此大的能量,自己深深地为之吸引。可以说,无论在何时,在怎样的状况下,柳媚都是一个快乐十足的幸福女人。

很多女人总觉得嫁个好老公就能让自己幸福,但实际上,女人的幸福不是靠男人给的,而是靠自己去寻找的。女人要有让自己幸福的能力,让自己获得快乐的资本。热爱生活,照顾好家庭,不冷落自己,发展自己的兴趣和爱好,自找快乐,如此女人才能让自己获得真正的幸福。

> **· 心理导读**
>
> 　　幸福源自满足,但是满足的感觉不取决于你在什么地方、做什么工作、你拥有什么,而是取决于你对自己、对待事物的各种态度。
>
> 　　无论你信与不信,所谓的幸福,总是在那些积极、乐观、做什么都不肯放弃的人的手中。
>
> 　　男人的确可以带给女人无限的幸福和快乐,但是,如果你在一个人的时候不能让自己快乐,那么,你和男人在一起的时候未必会幸福。

79. 能主宰自我的女人最幸福

心理探秘：

☆ 一个女人，只有自己变强大了，生活才会真正对你微笑。

☆ 女人要获得幸福的基础，就是能够主宰自我命运。试想，一个女人如果把自己生活的难题全部都推到了男人身上，如何才能站得稳当，赢得彻底？

☆ 在任何时代，女人的自我独立都是极为重要的。因为女人的精神是无比神秘而丰富诱人的世界，它能让女人散发出独特的个性魅力，能让女人以自己特有的方式演绎生活，诠释女人的本色。女人可以在自己的精神世界里建立起一个美好的王国，当她自豪地感觉到自己就是这个王国的女皇时，就会在现实生活中找到自信。

沈敏是一位年轻漂亮且多才多艺的白领丽人，吸引了诸多异性倾慕的眼光，但她最终嫁给了一位在某商场担任部门经理的男人。婚后，沈敏把全部的希望都寄托在了丈夫身上，自己开始过起养尊处优般的全职太太生活，但是这种生活没过几年，丈夫便向她提出了离婚。

拿着丈夫的离婚协议书，沈敏悲伤欲绝，眼泪不止："当初他费尽心机地追求我，我看他为人踏实，又很有才能，就答应嫁给他了。万万没有想到，他现在竟然和本行业的一个女部门经理交往，居然说要跟我离婚。所有明眼人都看得出来那个女人哪有我好看，我真不知道他是怎么想的……"

沈敏的遭遇实在令人同情，但她的丈夫似乎也满腹委屈："当初沈敏不仅长得漂亮，多才多艺，而且特别独立，这正是吸引我的地方。可结婚以后她似乎把自己的一切都托付在了我身上，我说什么她就应什么，没有自己的追求了。而那位女部门经理虽然美貌次于沈敏，但她非

常独立,别具一番滋味,我忍不住就被她吸引了……"

要想在婚姻和爱情中享受到真正的幸福,女人绝不能把所有的一切都依附在一个男人身上,这样的女人也许会楚楚动人,也许会娇弱可爱,但是始终不及独立的女性更显洒脱和优雅。独立的女人以"自我"为自己的独立世界,因而更容易获得幸福和快乐。

生活中,一些聪明的女人都深知"独立"是获取幸福的重要筹码,因而,无论旁边有一个多么值得依靠的男人,她们都能坚持自己独立的人格,拥有自己的事业、自己的人生目标、自己的生活舞台,能在自我的世界里活出属于自己的精彩,获得自己想要的幸福。

就读于某大学中文系的吴美楠是一个长相普普通通的女孩子。在别的女孩子谈恋爱时,吴美楠却一直热衷穿梭于图书馆、健身房等场合。大学毕业后,吴美楠开始并不顺利,自己住在狭小的租房里,穿行于熙熙融融、有些乱、有些脏的闹市里,过着艰辛的日子。

"干得好,不如嫁得好。"有朋友这样劝说吴美楠,"大树底下好乘凉,你找一个有实力、有能力的男朋友不就可以了嘛,干吗这样委屈自己呢?"吴美楠淡淡地笑了笑,态度坚决地回答:"不!我要靠自己,女人独立才美丽!"

靠着自己的不懈努力,5个月后,吴美楠终于如愿地找到了一份编辑工作。后来,她的稿子开始不断地在各大杂志、报纸刊登和转载。凭借出色的工作能力,三年半以后,吴美楠又当上了所在杂志社的主编。对此,吴美楠说:"我一直都坚信,女人精彩的生活和幸福不是男人给的,而是必须靠自己去努力争取。"

令那些心怀"钓金龟婿"的女性朋友们羡慕的是,吴美楠的独立不仅为自己赢得了一番辉煌的事业,同时,还深深地吸引了一位和她同样优秀的男同事。两人喜结连理,事业互助、家庭温馨,吴美楠可谓事业家庭两丰收。

是的,真正幸福的爱情和婚姻,该是男女双方彼此尊重、彼此独立和自由的。他们不是因为相互需要,而是因为相互欣赏、相互支持才走在一起的人。他们不是为了禁锢对方,而是为了帮助对方独立,在自由中得到更有生命力的成长。超越攀附地位、坚持独立自主的女人最难能可贵,也能把属于自己的幸福权利牢牢地抓在自己手中。

所以,你若想在爱情场上获得主动权,要想将幸福的权利抓在自己手中,永远都不要泯灭自己的独立性,努力与男人站在同一个水平线上。当你能够拥有属于自己的一片天空时,你还害怕这片天空下没有白云吗?

- **心理导读**

　　社会一般都要求男人要有追求、有事业,但在现代社会,女人也同样需要有追求、有理想、有目标。否则,她们很容易会迷失自己,会活得空虚、迷茫,找不到生活的意义。这样的女人很难从平凡的生活中感受到幸福。而有追求的女人,不论在家庭还是工作中,都能发出迷人的自信,她们知道自己要的是什么,有明确的生活目标,活得洒脱、惬意。

　　一位哲人说:"以自己的本色活着是对生命的最大尊重,这既是一种追求,亦是一种生命的美好姿态。"所以,女人要懂得自己才是自己的主人,为自己而活,自尊、自强、自爱,这样的生活才有价值,这样的女人身上才会散发出迷人的芬芳,才能永远活在幸福中。

80. "幸福"是经不起"晒"的

◆ 心理探秘：

☆ 幸福本身就是一个很玄妙的东西，它经不起晒。你若是太在乎它，总是一览无遗地把它暴露在众人的面前，它就越是不可靠。

☆ 有句话说，你内心缺少什么，就会炫耀什么。一个女人总是"炫"幸福，说明其内心缺乏幸福，至少说明她很在乎幸福这回事。而一个内心真正富足的幸福女人，是不会把幸福挂在嘴边的。

"看，这是我未婚夫刚给我买的大钻戒，这上面的钻石足足有2克拉，他已经向我求婚了，别提多激动了呢！"

"喏，这是我老公出差回来送给我的新包包，在国内，它可是价格不菲呢！他呀，出国什么东西都不舍得买，但为我花钱那可是真的很大方。"

"昨天情人节，我男友送的999朵玫瑰，把我家都给塞满了，真是幸福死了！"

……

很多女人，只要得到男人的宠爱，都爱高声宣传。把钻戒、耳环、鲜花、洋酒拿出来晒，无非是想让别人知道自己的老公或男友有多么地疼爱自己。但是，那些爱晒幸福的女人，通常都是不幸福的。心理学家指出，爱晒幸福的女人，内心都是自卑的，她们要通过晒幸福来获得他人的肯定。同时，这类女人也是过度自恋的，要通过炫耀幸福来满足自己的虚荣心。她们的内心也是缺乏安全感受的，晒幸福是寻求内心稳定的重要方式。同时，也表明她们的生活是空虚的，婚恋幸福已成为生活的唯一重心。

但幸福的爱情是经不起"晒"的，晒完之后，无论是你还是你周围的人，都会对你和他的爱情抱以最高的关注度：

周末，他有没有带你去游玩？如果没有，他是不是对你冷淡了？

情人节，他有没有带你去吃烛光晚餐，有没有送你钻石之类的贵重物品？如果没有，他是不是开始忽视你了？

周围人都开始对你的爱情标准严格要求，不允许你们有一丁点儿的懈怠之处，稍有懈怠，便认定：你很不幸福。

为此，在这种压力下，你的内心也开始生出许多不满的情绪来：一定要做大家眼中最"幸福"的情侣，一定要将这项"令人羡慕"的"事业"进行到底！在这样的情况下，女人经常会把自己搞得很累，那也意味着自己的幸福丢失了。

另外，真正的幸福是经得起"细水长流"的。如果一开始你就把幸福的泉水喝了个精光，到后面自然也只能喝白开水了。

所以，女人请记住，幸福是经不住晒的。"晒幸福"，无非是想让自己的脸上多点光彩。但是，你却没意识到，晒过的幸福很容易变质。你每晒过的一个地方，就会多一些人去关注。你们的幸福承载着很多人的祝福和关注，结果只是在给自己徒增心理压力，如果这样，幸福就很容易被蒸发掉！

- **心理导读**

    真的幸福，就算不去晒，别人也能看得出来。

    保护好"幸福"，给彼此足够的空间。

    晒幸福可能会给情侣中的另一方造成压力。

    "珍惜幸福"比"晒幸福"重要得多！

    让你自己的爱情"零负担"。

81. 幸福其实是我们对生活的一种愿望

◆ 心理探秘：

☆ 生活其实就是一种愿望，幸福其实是人在得到的一瞬间所产生的精神的愉悦感。

☆ 毕淑敏说："幸福常常是朦胧的，很有节制地向我们喷洒甘霖。你不要总希冀轰轰烈烈的幸福，它多半只是悄悄地扑面而来。你也不要企图把水龙头拧得更大，使幸福很快地流失。而需静静地以平和之心，体验幸福的真谛。"

☆ 幸福不喜欢喧嚣浮华，常常在暗淡中降临。贫困中相互推让的一块糕饼，患难中心心相印的一个眼神，父亲一次粗糙的抚摸，女友一个温馨的字条……这都是千金难买的幸福啊。像一粒粒缀在旧绸子上的红宝石，在凄凉中愈发熠熠夺目。

生活其实是一种愿望，是一种想象的渴望，正是有了愿望和渴望，才让我们不断吮吸到其中的甘甜、美好和幸福。幸福很远亦很近，有时候，幸福是一样东西，在你费尽周折得到的时候；有时候，幸福也只是一个目标，当你长途奔波抵达的时候；有时候，幸福是一次比较，当你看到别人不幸的时候；更多时候，幸福其实是我们内心的一种感觉、一种心态，只要你领悟了生活的真谛，原来生活中处处都有它的影子。

贫者说，幸福就是在饥饿时能吃到热腾腾的饭菜，口渴时能喝到清澈的水，寒冷时有足够御寒的衣服，贫穷时有够维持生存的钱财。

富者说，幸福就是能在忙碌之中闲下来，疲惫时抽出时间休息，困乏时能够睡一个安稳舒适的觉。

单身者说，幸福就是甜蜜地拥在爱人的怀抱中，暂时离别时心头淡淡的思念。

已婚者说，幸福就是摆脱对方一个人独享清闲，能够自由地支配自己做自己喜欢做的事。

……

总之，人生缺什么，就认为什么是幸福！果真有一天实现了梦寐以求的，我们也许会兴奋一段时间。但是，随着时间的推移，那些实现的愿望再也激发不起我们的幸福感，一些新的愿望又再次萌生，它们就像地面上生长的花花草草一般，采摘了一朵又一朵，践踏了一片又一片，每年都会新生。

可以说，人们对幸福的感受同心里的欲望是相辅相成的。人的欲望是没有终止的，所以人们就会不断地追逐，不断地在感受了短暂的幸福后，又产生新的痛苦，像一个永动机一样，永远没有停歇的时候。为此，我们要想在漫漫人生长路中永久地抓住幸福和快乐，就要学会放弃，放下不切实际的期待，放下没有结果的执着，用心感受你手中所拥有的。

- 心理导读

    幸福与人的欲望满足密切相关：欲望得到满足就愉悦，否则就会感到痛苦。所以，容易满足的女人，更能获得内在的幸福。而相反，贪婪的女人则很容易每天都活在痛苦中。你看清楚了这个事实，就要懂得消减内心的欲望。同时，对待生活我们不必太过期待，坚持不必太过执着，要学会随时放下，放下不切实际的期待，放下没有结果的执着。凡事要看得淡一些，看开一些，看透一些，什么都在失去，什么都留不住，唯有当下的快乐和幸福才是我们切实能感受到的。

82. 寻找幸福生活的秘诀

◆ **心理探秘：**

☆ 积极心理学的研究表明，当人心存善念和感恩之情时，往往会表现出更多的良好情绪，而受到更多人的欢迎。

☆ 感恩常常能够带来一系列的连锁反应，是一种良性循环。感恩的人往往心怀一种信念和动力，这种信念和动力既能够激励自己不断地前进，也能够感动和改变周围的人，唤起更多的助人行为。

如何才能在生活中源源不断地获得幸福？这是每个女人都想知道的答案。对此，哈佛大学最有名的从事幸福感研究的教授弗兰克曾经做过大量的调查，就"什么可以让你获得幸福感"这一问题，采访过数千人。从这些人的答案中，弗兰克列出了让人感到幸福的诸多因素，其中位居榜首的就是感恩。也就是说，我们只需要有颗感恩的心，就具备了体察幸福的能力。我们感谢天地孕育万物生灵，生活中便常怀抱一丝欣愉感念之情；我们感谢父母的生养哺育之恩，才能体会到生活中的浓浓爱意；我们感谢春天赐予我们满目的春光，才能让自己更为愉悦地徜徉于百花争妍的视觉盛宴中……只要心存感恩，我们便可以时时刻刻地体会到他人的关怀、他人的爱，通过感恩，我们便可以传递一份爱意，在带给他人快乐的同时，还会体味到一种独特的幸福感觉。

然而，生活中，诸多人对待身边的人与事时，都将所有的一切视为理所当然，甚至有人还会将感恩当成自己的累赘，这样的人是极难获得幸福感的。泰勒·沙哈尔曾在一次演讲中提到过这样一个故事：

在美国加州的一个小镇，因为时逢灾患，使这里的粮食颗粒无收，饥荒给镇上的人们带来了无尽的痛苦。小镇上有一个非常富有的面包师，他为了帮助人们度过饥荒，每天都会给镇上最为贫穷的孩子发放免费的面包。

每当发放面包的时候，一群被饥饿折磨的孩子就会发疯似的扑上来抢面包。他们都想拿到最大、最饱满的那个，为此他们甚至会大打出手，这让面包师有些失望。更让面包师失望的是，这些孩子们在拿到面包之后，从来没有一个走上前说声"谢谢"。

有一天，面包师照常给孩子们发放面包。他发现，在那一帮争抢面包的孩子外，站着一个个子很瘦小的女孩子。面包师肯定，这个孩子是第一次来。他想着，也许她还没有习惯与他们争抢，但是以后她也会那样做的。

面包师看着这些孩子各自拿到面包走开的时候，正打算回去。就在这个时候，那个长得瘦小的女孩手中拿着一个最小的面包走到面包师的身边，亲吻他的手，说过一声"谢谢"后便转身走开了。这让面包师感到异常地意外，同时，也感到一丝的欣慰。

接下来的几天，这个瘦小的女孩一直如此。她总是在大家都抢完后才走上去拿起最小的那个面包，再走过去亲吻面包师的手，最后都会说声"谢谢"。

一天，当一群孩子照常抢完面包之后，只剩下一个最小的面包，只不过这次比往常更小了一些。小女孩拿起这个比平时小了一半的面包依然像往常一样走到面包师的身边，亲吻他的手，对他说了声"谢谢"后，便转身离开了。

当这个小女孩的家人掰开面包的时候，发现里面藏了枚金币。这个时候，面包师突然来到了这个贫穷的家中，对着小女孩说道："孩子，这是我特意为你准备的，因为你拥有一颗感恩的心，感恩的人必然能获得幸福。"

"感恩的人必得幸福。"是啊，一个懂得感恩的人，必将得到上天的特别眷顾，因为他们懂得知恩图报、懂得感受幸福，他们是最有权利享受幸福的人。感恩是获得幸福生活的秘诀。感受他人的恩惠，并予以回报，这是一件多么幸福的事情。我们在回报的时候，便可以感受到爱与幸福在传递，并能体会到付出的美好。感恩是一种细腻的感情，是一种美好的情怀，拥有一颗感恩的心，便可以触摸到幸福的模样。

> **• 心理导读**
>
> 　　一位对感恩的重要性有大量研究的心理学家曾做过这样一个实验：
>
> 　　将实验者分成四组，第一组人员每天晚上在临睡之前写下至少5件值得自己感恩的事情，无论事情的大小；第二组人员每天要写下至少5件坏事情；第三组人员要写下5件比别人好的事情；第四组人员什么都不做。最后的研究结果表明，第一组人员表现得更加乐观、更加健康、对人更慷慨，也更容易达成目标。而第二组人员的情况最为糟糕。
>
> 　　这个实验的过程值得我们每个人去效仿。每天写一些自己认为值得感恩的人和事，无论大小都可以写进去。这样做虽然会花费一些时间，但一定是值得的。

83. 人生所追求的终极目标是什么

♦ **心理探秘：**

☆ 人活一世，每个人的理想其实都只有一个：快乐！

☆ 一个人如若活得不快乐，名和利只会给生命徒增孤凉，活得不快乐，爱情也只是一种负累。

☆ 哈佛最受欢迎的心理学教授泰勒·本·沙哈尔说："幸福是可以通过学习和练习获得的，幸福是所有人应得的，无论在任何环境中都可以获得幸福。"

哈佛大学最受欢迎的教授泰勒·本·沙哈尔博士认为，幸福感是衡量人生的唯一标准，是所有目标的终极目标。幸福感是所有人应得的，任何人都可以获得幸福。

美国主流媒体称："幸福，有人曾经把它编在歌里，有人曾经把它写在书籍里。而哈佛大学却将它搬进教室中。"哈佛大学"最受欢迎的人生导师"泰勒·本·沙哈尔博士在哈佛校园中，讲授的相关幸福的积极心理学成了哈佛大学排名第一的课程，它首次以科学的原理论证了幸福的真正含义。沙哈尔博士认为，在他看来，人们对于了解如何才能获得幸福要比如何才能赚到钱更有价值。

哈佛大学曾经进行了这样一项健康调查，发现学生中普遍存在着心理健康危机。调查称：在过往的一年中，80%的哈佛学生，至少有一次感到异常地沮丧和消沉；有47%的学生，至少有一次因为太过沮丧而无法做正常的事情；10%的学生自称曾经考虑过自杀……在美国，抑郁症的患病率在持续地增长。

大多数哈佛学生还未意识到，即便是那些表面上看起来积极、主动的学生，也有可能随时被心理疾病所折磨。即便你是他最要好的朋友，也未必意识到他心理有问题。

生活中，很多人不快乐，不是因为他们别无选择，而是他们的决心会让他们不开心，因为他们把物质与财富放在了快乐和意义之上。

积极、幸福的人，可以从不同的事物中找到意义。在我们选择目标时，确定它符合自己的价值观和爱好，符合自己内心的意愿，而不是为了满足社会标准，或者是迎合他人的期待。

沙哈尔博士在少年时期曾经痴迷于学习壁球，在5年训练的时间里，他经常感到空虚和无聊，觉得生命中缺少了什么。他深信，胜利会让他感到幸福。在他16岁那年，他获得了全球壁球赛的冠军，他曾经欣喜若狂。然而，就在他夺冠之夜，空虚感顿时袭来，他自己突然感到迷茫和恐惧。在这样的情况下，尚不能够感到幸福的话，那么，他该到

何处去寻找人生的幸福呢？他内心的空虚越来越多，他最终发现，胜利未曾给他带来任何的幸福。

也就是从那个时候起，他开始对一个问题非常着迷，便是如何才能体味到真正的幸福。于是，他决定去哈佛大学学习心理学。经过多年的沉思和学习，他终于体会到，内在的东西比外在的东西更能让人体味到幸福感。于是，他的幸福观逐渐地清晰起来。幸福，应该是快乐与意义的结合。在沙哈尔看来，寻找真正能让自己快乐而有意义的目标，是获得幸福的关键。

沙哈尔博士认为，幸福感是衡量人生的唯一标准，是所有目标的终极目标。人们在衡量商业成就时，标准就是物质财富。而人生其实与商业一样，有盈利和亏损。如果我们把负面情绪当作支出，把正面情绪当作收入，当正面情绪多于负面情绪时，人们在幸福这一"至高财富"上便盈利了。而人们如果被长期的抑郁、焦虑等负面情绪控制时，便是"情感破产"。如果个体问题不断地增长，焦虑和压力问题接踵而至，那么，社会将走向幸福的"大萧条"。对此，亚洲积极心理学研究院理事长倪子君认为，无论我们处于生命的何种状态，遭遇不幸、经历变迁，或者追求卓越，名利双收，或者对人生经历感到困惑、求索或领悟，我们都应该对生命要负一个最为重要的责任——让自己幸福。

> **· 心理导读**
>
> 　　对于我们当中的一部分人，人生的终极目标就是幸福。
>
> 　　无论我们能否在工作中获得成就感，在人际关系中获得满足感，在兴趣中获得热情……我们都会努力地去寻找幸福。
>
> 　　费奥多尔·陀思妥耶夫斯基说："人类总是喜欢去计算自己的烦恼，但是却没有计算快乐的数量。如果人类可以像他们本应该做的那样，去统计一下所拥有的快乐，那么他们就会发现，每一个损失的背后都会有足够多的幸福隐藏其中。"

女人输在一股心劲，赢在一份自控力

> 生活中，总有些女人能熬成最终的赢家，皆因她们的心中有一把锁，而钥匙就握在她们自己手上。不到万不得已、无可进退，她不会轻易地插入锁孔。而这把锁，便是"自控力"。张小娴说："女人输在一股心劲，赢在一份耐力。"这其实是告诉我们，判断一个女人能否取得成就，主要取决于她对自己内心和情绪的把控能力。失控，具有极大的破坏力，它不仅会损害女人的健康，还能让女人在事业上一败涂地，阻止其成事的步伐。所以，要做一个了不起的新时代女性，就先去锤炼自己的情绪控制力吧。

84. 情绪的神秘力量

🍂 **心理探秘：**

☆ 心理学大师罗·伯顿说："如果世界上有地狱的话，那就存在于人们的心中。"

☆ 除非你意识到自己身处"监狱"，否则你永远逃不出"监狱"。负面情绪是一座监狱，掌控负面情绪就是打开监狱大门的钥匙。

☆ 正向的思维只有在正向情绪的刺激下才有力量改变你的生活。你的心必须真正相信你可以造就自己的命运，而且你必须主动创造，并将正向感觉的音量调高，以便成就你梦想的人生。

☆ 毒药只需一点点就可以致命。绝对不要低估负面情绪的毁灭性力量。请记住：负面情绪毒药的解毒剂，就是正向情绪。

有的女人情绪化倾向严重,很容易失控,而这也是这些女人一生都成不了大事的主要原因。人生真正的大赢家都属于那种有强大自控力的人。有的女人可能会心存疑问:情绪真的有那么大的力量吗?

在哈佛任教的心理学教授罗伯特·哈顿指出:"我见过很多有才华的学生毕业之后,却始终默默无闻。实际上,在这个世界上,从来就不缺少有知识、有才华的无名之辈,那么,是什么东西埋没了他们的才华呢?是情绪掌控力。一个人能否取得巨大的成就,其中一个最为重要的原因就是能否保持镇定、集中精神,让大脑时刻处于井然有序的状态,即便是面临再大的危机也是如此。从小的角度来说,这样的精神状态,可以最大限度地释放你的能力,帮助你解决眼前的困难和问题;从大的角度上来说,这样的状态可以帮你找到属于自己的人生轨迹。所以,你若不分心,人生就不会分岔。"

但是,要想练就强大的自控力,首先要了解情绪的神秘力量。

1. 当你情绪平稳的时候,你将会充满力量

你的情绪若是处于平稳期,你不会感受到任何的负面情绪,不管身处何种情境,你都会认为自己很好。你会乐于付出努力,并能够体贴他人,做事的时候也会很周到。因为你在平和的情绪中感受到了最宁静的人生,心中被爱与平静所充满。这个时候,你对自己的未来充满希望,对自己的过去抱以坦然的态度。你对现在所拥有的很是知足,更会以平常心去面对你的一切,同时,整个人也会充满能量,整个人也会变得积极而热忱。你会全心全意地对周围的人和事,懂得对他人付出爱和感激之情。这便是情绪的正面的力量,它会让你拥有自信,会让你最大程度地发挥你的天赋、才能,你也会发现自己是如此地幸运和幸福,你会积极地要求自己对这个世界有所贡献,你的内心充满了正面的积极的想法。

2. 情绪失控时,你会愤怒,否定周围的一切

当你情绪失控时，你会将个人全部的注意力都放在那些负面的、不可行的事和物上。你会怨天尤人，你会牢骚满腹，你会认为命运对自己是如此地不公平，人生充满了负面的、消极的力量，你会将你的注意力全部放在负面的信息上，甚至会为了一点点小小的事情而大发雷霆。

在这个时候，你会感觉到自己的压力巨大，你的内心时时充满了恐惧，负面的情绪和想法不停地涌出来，会让你体会到人生的痛苦和烦恼，你觉得人生无任何意义，看不到未来的一丝光亮。你认为，周围的一切都是错误的、针对你的，于是，很容易与人发生冲突和矛盾。

3. 情绪引领思维，思维决定行为

心理学家指出，情绪、思维和行为，三者会出现相互影响的局面。不过，其中力量最为强烈的是我们的情绪：当个人行为与思维方式被个人的强烈的情绪所触动时，我们的思维方式与行为方式会依照此类情绪的引导不断地改变。你若处于快乐的情绪下，你会将一切事情向美好的一面思考，你会做出积极的行动；你若处于悲伤的情绪下，你会对一切事物产生看法，并会甘于受命运的摆布。

4. 不同的情境、环境，需要不同的情绪主宰

人生在不同的境遇和环境中，需要有不同的情绪来表达自我：当你处于激烈的竞争环境中时，你需要拥有积极的情绪力量和自信心去全身心地投入；当你处于私人空间状态时，你需要完全地放松心态，让自己平和下来，获得内心的宁静；当你与朋友、家人相处时，你需要用温柔和有爱心的一面让对方感受到你的爱。

当你认清楚了情绪的神秘力量时，你便可以通过自我调控能力对自我情绪进行调控，这样可以使你在各种场合和场景中左右逢源，让你处处表现得体、和谐，从而达成自己的目标。

- 心理导读

  要密切注意你的思想，思想会变成话语。

  注意你的话语，话语会变成行动。

  注意你的行动，行动会变成习惯。

  注意你的习惯，习惯会变成个性。

85. 生气是一种"慢性自杀"行为

 心理探秘：

☆ 生气1小时的杀伤力相当于熬夜加班6小时！

☆ 日前，心理学者发微博提醒，生气是一个人对自己实施的酷刑，消极恶劣的情绪会造成心理及体力过度消耗，导致免疫力下降，使各种疾病甚至癌症发生，盛怒有时还会使人暴亡。所以，为了自己的健康，千万别再生气了！女人要知道，健康长寿是1，其他一切都是1后面的0；没有健康长寿，其他一切身外之物又有什么意义呢？不能因小失大、因假失真、因苦失乐。理直不要气壮，要气和；得理要饶人。嘴巴不好，脾气不好，心地再好也不能算是好人。

女人，你还在生气吗？那么，请看看"生气"给你的健康所带来的严重后果吧！美国的生理学家艾尔玛曾经做过一个"气水"实验，他将几支玻璃管插在零摄氏度冰水混合的溶液中，藉以收集人在不同情绪下呼出的"气水"。结果发现，心平气和时所呼出的气，凝成的水澄清透明、无色也无杂质；而人在生气时，呼出的气则会凝结成紫色的沉淀物。更为要命的是，将收集到的生气时冷凝的"气水"注射到健康的大白老鼠身上，几分钟之后，老鼠居然死去了。

可见，生气是一种"慢性自杀行为"，身为女人，你是否也在进行着这项行为呢？

现代医学的种种实例表明，负面情绪是使现代人寿命缩短的罪魁祸首。不良情绪会影响人的消化系统、内分泌系统、神经系统和免疫系统等等，所以，爱生气的人是极难健康长寿的。医学家说，人每生一次气，就好比在肝上面划了一道"伤口"，伤口愈合不仅需要时间，日积月累，你的肝上面还会伤痕累累！50%的人活不到100岁，皆源于生气！所以，从健康的角度考虑，女人千万不要随便生气，乱发脾气。

《红楼梦》里的林黛玉，虽生有闭月羞花的美丽容貌，但是由于总是斤斤计较，患得患失，对别人一句无意的话，她也会辗转反侧，难于入眠，抑郁不已，最终只落得个"红颜薄命"的悲惨结局。还有唐代著名诗人李贺，他思路敏捷，才华过人，被人称为"诗鬼"。只可惜他经常因为生活中的一些小事而郁郁寡欢，愁肠百结，到27岁便告别人世。

由此可见，生气是多么愚蠢的行为。同时，生气发火也是无能的表现，是失去智慧的表现，也是心理素质脆弱、不成熟的表现，也是心胸狭隘的表现。所以，女人不要轻易动肝火、发脾气，要学会宽容和容忍。宽容他人的过失，容忍他人的过错，尽力做到不生气。

现代社会，变化大、速度节奏快、压力重、烦恼多，女人如果要做到不生气、不发火，就要保持乐观开朗的心境与态度。待人处事要看开一些、看淡一些，世界上哪有那么多公正公平的事情呢？要明白，人生在世，不如意十之八九，我们不可求全责备，不可以有"完美主义的倾向"。凡事往好的一面看，向好的一面想，着力培养自己积极乐观的心态，那么，每天你的心中便会充满阳光。

另外，平衡心态，也是让自己不生气的金钥匙！那么，如何保持心态的平衡呢？要做到"善于比较"。经常这样对自己说："比我好的人虽然多，不如我者甚众。比上不足，比下有余。"要常这么想："我苦，世界上还有比我更苦的人。不都在艰难的生活中活着嘛。"作家史铁生在《幸福的底线》一文中说："发烧了，才知道不生病的日子多么清爽；咳嗽了，才知道不咳嗽的嗓子多么安详……人其实每时每刻都是幸运的，

因为在任何磨难前面都可能再加一个'更'字。"时常以这样的话来安慰自己，那么，你便不容易再生气了。

- 心理导读

  身为女人，要做到"不生气"，还要学会"惜缘、知足、宽容和感恩"，知足常乐，能忍则安。如果你能做到这些，那么，你的消极的情绪便可以得到有效的化解。你的健康长寿也便有了保障，利人利己，何乐而不为呢？

86. 你有足够强大的内心吗

 心理探秘：

☆ 一个强大的女人，总有一颗足够强大的内心。判断一个女人的内心是否真的强大，关键看其是否有强大的自我掌控能力。

☆ 约翰·米尔顿说："一个人如果能够控制自己的激情、烦恼和恐惧，那他就胜过国王。"

☆ 一个人只有掌控了自己的内心世界，才能掌控外面的世界。也可以说，一个人如果有强大的征服自我的能力，那么，他也很容易就能征服世界。所以，从这个意义上说，成功属于有自控力的人！

心理学家曾针对人类自我情绪的控制能力做过一项调查，调查显示：在人生之中，塑造成功、升迁与成就等积极结果的行为中有80%以上是因为当事人拥有着强大的自控力，能够正确地驾驭自身的情感，成功地控制自身的情绪，而个人技术仅仅占到成功因素的15%。这就意味着自身情绪控制能力的高低不仅仅代表个人生活能力的高低，更是影响个人情感生活、身心健康与全面人际关系的重要因素。

懂得掌控自我情绪的人，他们会很清楚地牢记自己是谁，从哪里来，要到哪里去，不会因为外面的诱惑而放弃自己的追求，也不会因为生活的坎坷而放弃自己的梦想。一句话，拥有情绪掌控力的人，会将自我命运的方向牢牢地把握在自己手中。

乔布斯说过最经典的一句话，那就是"听从自己内心的声音"。同时他毕生最大的愿望便是与苏格拉底相处一个下午，因为苏格拉底说过："认识你自己。""认识自己"是人生的大方向和最终目的，而认识活动必须从聆听和掌控自己的内心开始。

几年前，艾比只不过是一家普通工厂的电梯维修工人。当时仅有36岁的艾比，虽然心怀远大的梦想，但是自己所处的环境却与自己的理想相差甚远。

有一天，艾比从朋友那里获得了一个消息，洛杉矶一家电梯制造厂正在招工程师。在那一刻，艾比高兴极了，于是便决定去试一试，他期望幸运可以降临到自己的头上。当他到达洛杉矶的时候，已经是傍晚时分，而面试要等到第二天才会进行。于是，艾比便找了一家旅馆住了下来。

晚饭后，艾比一个人坐在窗前，看着外面闪烁的灯光，陷入了沉思中。他在回思自己过往的岁月：这么多年过去了，自己一直怀揣着美好的梦想，但是理想与现实之间如同间隔了一条鸿沟一般，相差如此地远。想到这里，艾比便陷入了莫名的惆怅中。

他认为自己并非智力低下，也是对工作最努力的一个，但是为何幸运之神不垂青他呢？艾比拿出纸和笔，经过多方面的分析之后。他发现，与周围那些成功的人相比，自己最为明显的缺陷就在于总是情绪失控。他记得有一次，公司要从维修工中提拔一个优秀的人为小组管理者，但是他却因为内心的胆怯和不自信，让自己错失了那次机会；还有一次，他在维修电梯的过程中，因为一件小事情与小区管理人员发生了冲突而受到了领导的批评，从那之后，他便失去受领导赏识的机会；他在工作中，也时不时地会因为不够理智与同事发生这样或那样的矛盾或冲突……想到这里，他的思绪一下子清晰了起来，他第一次意识到自己的最大缺点在哪里：情绪不够稳定，过于冲动，遇事不够冷静，有时候还会莫名其妙地自卑。

一整个晚上，艾比都在进行自我检讨。他发现自己自工作以来，一直都是妄自菲薄、得过且过的人。同时，他也暗自下定决心，要改变自己，努力克制自我情绪，重新塑造一个全新的自我。

第二天起床后，艾比感觉到了从未有过的轻松。他怀着极大的信心来到了面试的现场，并且以出色的发挥，最终被顺利地录取。转眼间，6年过去了，艾比不仅在自己所属的公司建立了极好的声望和人缘，成为了人人皆知的老好人，而且也因为他的努力获得了多次的升迁，成为公司中举足轻重的人物。

在生活中，你也许没有意识到情绪对个人发展的力量吧：它可以帮助你对自我进行激励，可能帮你抚平最严重的创伤。同时，它也会让你因为小小的挫折而动弹不得。人生不是总一帆风顺的，痛苦、磨难、挫折、烦恼总会不期而遇，但幸运的是，我们可以对情绪进行自我控制，我们可以通过控制它来改变我们的际遇，从而改变我们的人生。

心理学家指出，拥有极强的情绪控制力的人，是世界上最为强大的人。这样的人拥有较高的情商，懂得如何融洽地融入团队，在团队中懂得如何与他人合作，很少有语言失控、难以收场的时候。研究者都认为，拥有极强情绪掌控力的人，人生就等于成功了一半。

其实，对于女人来说，学会自我控制并不难，你只需要自我管理、自我判断、自我训练、自我改进就可以了。只要我们遇到事情多想想要不要去做，会造成什么样的后果，相信我们就一定能控制自己的言行。

真正聪明的女人，必然是一个懂得如何应对生活中出现的任何困难与挫折的人，也是一个懂得选择和控制自身情绪变化的人。现实生活中，很多人并不缺乏机会与才华，但是缺少控制自我情绪、自我注意力的意识和能力，从而才与诸多机遇与成功失之交臂。

意大利著名的皮衣商安东尼·迪比奥谈到自己成功的经验时不无感慨地说："其实，我并不是一个天生的成功者，许多人都比我更聪明、更有才华。我唯一比他们强的，只不过是我更容易控制自己的情绪罢了。我很冷静，从不为那些情绪化的事情浪费时间和精力——我的意思是说，我享受不起那种感伤。"

在这个世界上每个人都可以成功，但不同的人的成功显然是不一样的。只有认识自我、驾驭自我、超越自我，你才能战无不胜，从失败走向成功！

- 心理导读

多考虑长期后果，切忌贪图短期快乐。

当恶习袭来时，轻握拳头可将注意力转移到握拳上来。

确立切实可行的小目标。

不饿肚子，保证充足睡眠。不吃饭而导致低血糖的人和睡眠不足的人自控力会更差。

坚持三周。新习惯的养成须通过三周过渡期，大脑才能将其视为日常活动。

87. 最有效的"自我情绪"调节法

🔸 心理探秘：

☆ 心理学家卡西·拜特说："我们醒来的每一天都是一个新的开始，又一个机遇。为什么要把时间浪费在自怜、懒散、自私上呢?"

☆ 起伏波动的情绪会使人生绚丽多彩，但是如果我们毫无节制地让情绪泛滥波动，那么它真的就会毁灭你的意志，丧失战胜自我的意志。所以时时刻刻管理好自己的情绪，调节好自己的心情，就显得十分重要。

哈佛心理学实验室曾经对世界上许多伟人的生平事迹进行过研究和调查，他们发现这些伟人都有一个共同点，那就是很善于对自我情绪进行调节与控制。哈佛学者比利·山戴曾经在演讲时以有力的话语宣称:"人们总是喜欢揭他人的短处,而事实上,这是一种极为堕落的做法——一个连自己的情绪都无法控制与左右的人,有什么权利去左右他人?"的确,不懂得自我控制和自我情绪调节的人,往往会以不恰当的行为失去自我,做出令他人生厌的行为,不利于人际的和谐和个人的发展。

为使自己的情绪保持在相对稳定与良好的状态中,我们可以尝试着从以下几个方面入手,让自己不断学会自我情绪调节:

1. 警句调节法

为了对自我情绪进行有效的调节与控制,你可以在墙上贴上格言、警句等,以随时提醒自己不要做出过激的行为。刚开始,你可能会觉得很不习惯,不容易做到完全控制自我情绪,但是久而久之,只要你勇于坚持,便会形成习惯,情绪便能够得到有效的控制与调节。

2. 注意力转移法

为了控制自我情绪,你可以在情绪爆发前有意识地转移自己的注意力。很多心理学专家都建议运用此法进行自我情绪调节。当你感到情绪不好的时候,你完全可以依照自己的兴趣,做点你认为能让自己高兴的事,比如你可以打扫卫生,看看电视,看看书,想想自己曾经的幸福时光,便能够使消极的情绪慢慢地转移到积极的情绪上来,或者也可以把不良情绪发泄出去。

3. 意识调节法

人的意识是能够控制自我行为的,凡是有理智者,往往会及时意识到自我情绪的变化以及由此可能引发的后果,因而可以迅速地控制自己的情绪。

他们会在情绪爆发的那一刻开始,就意识到自己的行为不对,同时迅速地让自己冷静下来,理智地减少怒气。如此一来,自己便不会使用粗鄙的语言去侮辱他人,更不会动手打人。学会对自我情绪进行有意识的控制,以正确的想法去调整,是个人获得有效情绪控制能力的关键。

4. 平衡法——换个角度想问题

在生活中,当与他人发生了矛盾或冲突,对他人产生了不满、嫉妒、敌对等不良情绪时,你可以转换一下角色,站在他人的角度想问题,便会对他人多一些理解,从而使自己的想法得到改变,使不良情绪得到有效的减缓。

如果你对当下的生活产生了不满,你可以想想比你更差的人或者不如你的人,想想他们的处境,那么,你便可以获得心理上的平衡,从而缓解自身苦闷的情绪。

5. 运用"心理假动作"进行调节

糟糕的情绪往往源于大脑对外部刺激的反应,有时候,对刺激源进行改变,可以十分有效地改善自己的情绪。哈佛心理课上,有学者指出,当情绪不佳时,如果采用"心理假动作"便可以对自己的情绪进行调节和控制。比如,当你心理压力过大,或者生气的时候,你可以让自己强装笑脸,有助于改善不良的情绪。同时,你也可以收拾一下凌乱的房间与办公室,会使自己的情绪得到极大的改善。

蓝色是一种天然的心情"调节剂",在你心情不好的时候,你可以让自己穿上蓝色的衣服,心情便会得到好转。相比之下,橙色具有强烈的刺激作用,黑色可以激发怒气,而红色则更容易引起不安。所以,我们可以根据自我情绪的好坏,通过进行色彩的调节,以掌控自己的行为。

> • **心理导读**
>
> 心理学家指出,柠檬香可以有效地缓解不良情绪,使人体血液中"正肾上腺素"的浓度增加,达到安神、止痛与去忧的作用。
>
> 与宠物多接触可以使血压降低,令心率平缓,进而降低心脏的患病概率,使身体的压力得到有效的缓解。
>
> 学会巧搭食物,如果能将苦、甜两种不同的味道或者软硬不同的食物进行组合,可以令味蕾获得新鲜感,进而使心情得到改善。

88. 别让"仇恨"把你的人生染成苦味

心理探秘：

☆ 去恨一个人比伤自己还要恐怖！被恨的人是受不到什么伤害的，而去恨的那个人只会让自己伤得越重，最终只会是伤痕累累！

☆ 心结会产生心魔，在束缚自己和折磨自己的同时，还会波及别人。俗话说，心病还需心药医，解开心结的药就在自己的心里，放过自己，会给自己松开心灵的束缚，放飞心灵，去分享世界的广阔和美丽。记住恩德，我们的生活就在温情和幸福之中了；而记住仇恨，我们的生活却会被冷酷和仇恨所笼罩。

女人的很多苦恼都源于太过于计较得与失，得或失很多时候都是无意义的。但如果你因此而被带入无法挽救的或恶劣，或悲伤，或仇恨的情绪中，却可以使你的人生都变成苦味。这种消极的情绪所引起的得与失，比起物质上的得与失更加致命，因为这种失去是最为昂贵的，是我们永远也支付不起的。既然如此，为何我们不能忘记过去的一些恩恩怨怨，开始自己的新生活，却非要选择在回不去的记忆中过度感伤，使自己的心灵倍受折磨呢？

在20世纪的时候，美国著名的"建筑大王"凯迪与"飞机大王"克拉奇是很好的朋友。凯迪有一个女儿，而克拉奇则刚好有一个儿子，两个人为使彼此间的关系更为亲密，就打算撮合他们的儿女成婚。但是两个人的感情却进行得并不顺利，经常会发生争吵。但是，两家人都是社会的名流巨富，儿女们的这种关系也让他们极为伤脑筋。

没想到，他们担心的事情果真发生了。凯迪的女儿竟然被人毒害，而据警方详细调查后，杀人凶手正是克拉奇的儿子。为此，克拉奇的儿子也被关进大牢中，两家人的身心因此也受到沉重的打击。

从此以后，两家的关系就变得极为紧张，他们的生活也变得暗无天日。令凯迪一家更为恼火的是，克拉奇的儿子在事实面前却从来不承认是自己杀害了凯迪的女儿，而克拉奇也极力地为儿子的罪行拼命奔走上诉。如此一来，两家便结下了深仇大恨，两家人也开始进行明争暗斗的较量，双方也都损失惨重。

一年以后，法院做出终审，克拉奇的儿子因谋杀罪而被判终身监禁。克拉奇为了不让自己的儿子一辈子都待在监狱中，为了减轻儿子的刑罚，又千方百计、拐弯抹角地不惜重金为凯迪一家做经济补偿，以求得凯迪能到监狱去为儿子说情。克拉奇每一次的经济补偿都是巧妙地出现在生意场上，这也使凯迪不得不被动接受。

但是，每当凯迪拿到克拉奇家族的一笔补偿金的时候，就像是接过一把刀刺自己的心那样悲痛难忍。凯迪也不停地悔恨自己当初怎么就看错了人。而克拉奇的全家也是天天都生活在自责之中，他们怨恨自己怎么没能教育好自己的儿子，悔恨自己不该为了自己的利益而撮合儿子的婚事。

两家都是美国企业界中的上层人物，没想到生活却会如此地捉弄他们，让他们的内心得不到安生。就这样一年又一年过去了，两家人的心情总是被巨大的阴影所笼罩，凯迪与克拉奇从来没有真正地笑过。他们承认，他们为此所付出的心灵代价是用多少金钱也换不回来的。

然而，就在他们苦苦承受了20多年的痛苦后，最终的事实却证明，凯迪女儿的死并不涉及善恶情仇。事情在当时的美国社会引起了巨大的轰动，面对媒体的采访，凯迪与克拉奇都说了同样的话："20多年来，我们所受的心灵上的折磨是我们永远支付不起的！"

20多年，是多少个黑发变成白发的日日夜夜啊！这是用任何财富都支付不起的。如果两家都能及时地忘记仇恨，那便不会有如此多的折

磨和煎熬了。

女人要知道，生命实在是太过短暂，容不得我们为了一些外物和解不开的心结而毁灭掉自己匆匆而逝的年华，破坏其原本存在的平静。其实，只要你静下心来想一想，过去的仇恨没有什么大不了，过去的毕竟过去了，再纠结、再痛苦也永远无法挽回了。只有选择及时将其忘记，才能弥补你已经失去的，才会迎来如夏花般绚烂的明天。

要知道，没有谁与谁是天生的仇人，只不过因为某件事情发生了矛盾、发生了些摩擦而已，其实完全可以大度地抛弃这些不值得再用生命去支付的痛苦。否则，只会让自己的人生永远浸泡在痛苦中，从而遗憾终身，让心灵永远得不到解脱。

> • 心理导读
>
> 在生活中，人与人之间难免会产生摩擦和误会，如果我们将之永久地放在心中，仇恨将会堵住我们通往快乐与幸福的道路，那样只会让自己的生命白白流失。只有学会忘记仇恨，才能提高自己，开阔自己的视野，才能让自己的生活少一份障碍，多一份快乐和幸福。

89. 学习，是抵制你惶恐无助的最佳利器

◆ 心理探秘：

☆ 当你无助的时候，不要把时间用在"惶恐"上面，不妨去学习一样东西，并把这当成习惯。

☆ 女人一生结婚、工作、生子，其终极目标便是寻求一种安全感。"安全感"是多数女人所匮乏的，当你感受到无助时，这就是来自上天的信号：该给自己添点料了。而学习，则是抵制女人惶恐无助的最佳利器。

生活中,每个女人都会有被惶恐无助袭击的时候:被人在背后论是非,被同事抢了功劳,被老板无端地责骂,被工作压力袭击,被老公指责,为孩子下降的成绩闹心……种种不如意,会像炸弹一样,还未等你准备好,便在你周围引爆,搞得你措手不及、心烦意乱。而这时,很多内心缺乏定力的女人,便会随意发脾气,招致坏脾气,从而越来越惶恐,将自己置于焦虑的泥潭中无法自拔。

惶恐无助,揭示了人生的短板。快乐的时候,人们可以稍事放纵,当你感受到无助时,这就是来自上天的信号:该给自己添点料了。而学习,无疑是你抵制无助的最佳利器,你不妨尝试一下:

当听到有人在背后说你坏话,别把时间用在寻仇反击上,跟着电视学做一道小菜,便能保证你的餐桌上更有营养,更能引人夸赞。

当被同事抢了功劳,别把时间浪费在咒骂上,先放下手头的工作,约闺密一起去逛街。不一定非要买东西,在高档商场逛上一天,你就会发现,自己的审美品位一下子提升了。

当你被老板无端责骂,别把时间浪费在痛苦揪心上,找开音响学习一支歌曲,当歌唱熟了,心境自然就开阔了。

当你被工作中的难题压得喘不过气来,更不该把时间浪费在买醉上面,买上一本书,里面总有几页知识将来有一天被你用得到。

当你被朋友误解,不应该伤心、痛苦,而是先放下眼前的一切,去学习一段舞蹈,等舞蹈学会了,你的心结有可能就解开了。

……

总之,学习是抵制一个人惶恐无助的最佳利器。它能转移你的注意力,帮助你分散对未来的不确定性,并且坚定对自己的自信心,更可以把时间利用到最佳值。无助,可以使你变得更为强大,却也能使多数人的内心越来越自闭,越来越卑微。这完全取决于你,在最无助和惶恐的时候,你在干什么。

在生活中,悲伤、焦虑、烦恼等负面情绪常常会不期而至。如果一遇事便沉浸其中,那么,你将会在坏情绪的泥潭中越陷越深。在这个时候,你能以学习一门业余兴趣,乃至一项小的生活技能来转移自我注意力,不仅控制了自己的坏情绪,避免生活滋生出一些不必要的麻烦和烦恼,还可以获得一种新技能,充实自己的内在,增加你的自信心,它是减轻你对未来的惶恐感的最佳途径。

总之,命运最垂青能够控制自我情绪的女人。这样的女人在任何时候都能不动声色且镇定自若地面对生活中的种种琐事,她们集成熟、独立、宽容、风情于一身,永远不会因为岁月的流逝而失去光泽。这样的女人,可以在轻描淡写间应对一切的变幻,在遭遇挑衅时透露着稳重、独立和成熟,在张扬中尽显内敛和妖娆。这样的女人,会绕过岁月,将美丽和幸福进行到底。

> **· 心理导读**
>
> 亚里士多德说过:"优秀是一种习惯。"而斐贝认为,最优秀的习惯就是学习。身为现代女性,只有不断学习,才能高瞻远瞩;只有不断学习,才能超越梦想;只有不断学习,才能魅力永驻;只有不断学习,才能事业常青。一个拥有持久学习力的女性就像一杯浓香的醇酒,在她们身上,气质、美丽、智慧、幸福、成功、魅力……一个都不会少,这样的女人无疑是最迷人的。

90. 用一颗"波澜不惊"的心，换就一张永不垂老的脸

🍁 心理探秘：

☆ 三毛说："人生如三道茶：第一道苦若人生，第二道甜似爱情，第三道淡如微风。"

☆ 女人对于"荣辱"的神经最敏感。只是，多数女人做不到荣辱不惊。

☆ 当一个人遇到不顺时，要多说"我相信"，用感性激励自己走出泥潭；人生太顺时，要养成说"我知道"的习惯，用理性来规范自己。人生好比一锅汤：要沸时，加瓢水；温暾时，加点火。人人一锅汤，还得靠你自己的火候自己熬。

女人的魅力和气质源自哪里？美妆专家说，源自外表的妆扮；养生专家说，源于健康的体魄和美丽的容颜；舞蹈家说，源自体态的丰盈；而心理专家则会说，源自一颗"波澜不惊"的心。其实，一个女人，只有内在力量是丰盈的，内在世界是丰饶的，那么，才能真正地通过外在去赢得他人青睐，征服别人。

但是，何为"波澜不惊"？即练就一种心如止水、随遇而安的本领，无论遇到怎样的境遇，无论身处怎样的处境，让自己的身心始终都处于一种宁静祥和的状态。人生事十有八九不如意，唯有保持一份波澜不惊的淡定，给我们浮躁的心最温柔的安抚，女人内在的气质才能得以健康地提升，才能让自己拥有一张永不垂老的脸。

看世间熙熙攘攘，女人总有太多的不甘心，太多的不满足，太多的诱惑……意志不够坚定的一些女人往往会产生郁闷、焦虑、激愤等情绪，心有滞碍，自然就难以发挥出全部的潜力，如此气场必然是灰色的、收缩的、孱弱的，如何会获得美丽和魅力呢？

试想，如果一个女人在生活中稍有挫折就歇斯底里，在工作中稍有不顺就半途而废，在婚姻上稍有摩擦就分道扬镳，每天匆匆忙忙，奔波不停，忙得分不清欢喜还是忧伤……这样的女人，因为缺乏积极向上的精神底气，无论脸蛋长得如何漂亮，都无法真正地赢得人心。

相反，一个女人心里若没有了太多苛责与过于强烈的欲求，不过分纠结于得失成败，也就能淡然笃定地掌控自己的生活，这也是个人内心的一种成功。这种女人的气场无疑是强大而稳定的，辐射出的能量也更有震撼力，这样的女人是有力量的。

青樱是一个活得非常淡定的女人，无论遇到多么糟糕的事情，孩子考试不及格、老公没本事、自己挨领导批评，她每天都坚持快乐地生活。每天的晨跑、早上升起的太阳、凉爽的晨风，在她眼里都是快乐的。

有朋友问青樱："你为什么总是那么淡定？一整天都乐呵呵的？"

青樱轻轻一笑，回答道："事情已经这样了，着急、紧张、郁闷……有什么用处呢？何况，孩子乖巧懂事，丈夫对我很好，我又没有下岗，为什么不快乐一点啊？快乐是一天，不快乐也是一天，当然要快乐，我们要享受生活嘛。"

对于女人来说，少一份焦虑，就会多一份气质；少一份浮躁，就会多一份魅力；少一份迷茫，就会多一份幸福。内心淡定的女人，拥有一颗强大的心灵，有了这种气质，就算她姿色平庸也会拥有耐人咀嚼的韵味，也会有吸引人的气质，也会有最终抵达幸福彼岸的力量。

但是，如何才能保持一份波澜不惊的淡定呢？很简单，告诉自己即使事情不照自己的计划进行，地球也会照样转，生活也照样继续。这是必然会发生的，无论是成败与得失，都是珍贵的礼物，都是组成生活的要素。也就是说，接受生活赐予自己的一切，珍惜自己已经得到的，不忌妒别人的成就，不躁进、不过度、不强求，内心不被悲哀占据，个人的气质也会在这种淡然一笑中散播开去，人格魅力无形中就会给别人留下深刻的印象。

"由来功名输勋烈，心中无私天地宽"。如果你想成为气质女王，就要学着摈弃贪心，学着"无为、无争、不贪、知足"，不过分在意得失，不过分看重成败，做到得之不喜，失之不忧，不惊不惧，不忧不恼。

排除外界的干扰，清楚自己最想要的是什么，如此，宁静平和的心境自然就有了，气质自然就提升了，收放自如，纵情挥洒，如此你的魅力势必与众不同、万人难敌，生命也便具有了更高的意义，你也便拥有了岁月打不败的"美丽"。

> • 心理导读
>
> 　　对于女人来说，保持一份波澜不惊的淡定并非消极地等待，更不是顺从命运的摆布。它是凡事不必刻意强求，是一种顺应天命、随遇而安的人生态度，自己该做的都做了，实在不行也没有办法，只要自己问心无愧就行。

91. 别让"琐碎"把你的人生给"揉碎"

♦ 心理探秘：

☆ 人心只一拳，别把它想得太大。盛下了是非，就盛不下正事。

☆ 很多人每天忙忙碌碌、一事无成，那就是对细枝末节的琐碎关注得太多。米可果腹，沙可盖楼，但二者掺到一起，却是最廉价的杂米。做人纯粹点，做事才能痛快点。

☆ 不要一头扎进是非，不要扎堆讲是非。也许你觉得"讲是非"，是最容易让对方敞开嘴巴的途径，但确确实实，是非讲得太多，心就会变得浑浊。

"琐碎"是生活的常态，要做有气质的女人，你可以生活在"琐碎"之中，但切不可被"琐碎"所羁绊、所缠绕，让自己的心灵无端地长出戾气来。正所谓"相由心生",一个经常被"琐碎"缠绕的坏情绪女人,如何能生出一副娇容来呢?一个满脸怒相的女人,如何会有气质可言呢?

著名作家肖剑说:"很多时候,让我们疲惫的并非是脚下的高山与漫长的旅途,而是自己鞋里的一粒微小的沙砾。"有时候,消磨我们意志的,并不是高山与大川,而是生活中的细小沙砾,它们足可以耗尽你的精力,消磨你的意志,把你完整的人生给"揉碎",使你无法达到胜利的顶端。

刘梅是个有抱负的女人,工作能力极强,也有责任心,很想在业界做出一番大成绩来,但是她却是个脾气暴躁的人,经常会因为生活中的一些小事情而心情郁闷。最近一周,她感觉"诸事不顺":周一上班的路上,她因为在公交车上被人踩了一脚而气愤不已;周三的时候,又因为上班迟到而受到领导的批评,心情一整天极为低落;在周五的时候,因为孩子在学校打架而被老师通知到学校一趟……这样的小事经常发生在刘梅身上,她觉得自己真是太倒霉了。这些小事经常影响着她的心情,脑子中经常绷着一根弦,她每天都处于紧张的状态之中,但还是不时会出乱子,她觉得自己都无法支撑下去了。几年过去了,尽管她有能力,但经常因为精神不佳,她的职业生涯受到了严重的影响……

生活中,很多女人经常被小事牵着鼻子走。比如因为孩子调皮,打碎了玻璃,使你心情陷入烦躁之中;早上挤公车因为别人无意中踩了你一脚而大发雷霆,整个一天心情都处于郁闷之中;因为不小心丢落了东西,而使你的心情一个星期都处于郁闷之中……可以想象,一个总被生活琐碎"绑架"而郁郁寡欢的女人,如何有气质可言呢?有时候,一些看似生活中的小事情,却足以吞噬掉我们一时乃至一天的好心情。而内心强大有气质的女人,则会调整心绪,学会发现生活中的快乐和幸福,让自己从纠结的小事情中走出来。

有一天,唐嫣打电话让一家垃圾搬运公司来家里清理多余的垃圾。最终,等垃圾清理完的时候,这家公司要求消费者要将自己的地址记在垃圾箱上面。唐嫣就随手用一罐喷雾油漆在一个棕色橡胶箱上喷上了自家的地址。因为她的疏忽,她最喜欢的白裤子上溅上了几滴油漆。唐嫣自己很不高兴,于是努力想去掉这些油漆,但回到家,无论如何努力,都无法清除。

接下来的几天,她只要看到那条裤子,心里就会莫名地犯起别扭来,总是抱怨当初自己为何那么笨。这件事,困扰了唐嫣很多天。每天,她都会莫名地责备自己一顿。后来有一天,她陪一位朋友到当地的五金商店去买一些涂料。在一个架子上她发现了一个写着"消除错误"的小罐子——一种可去掉油漆和其他难去除的染渍的去污剂。

这种涂料,让唐嫣异常兴奋,于是急忙买了一罐。回到家后,她赶紧按照说明,清洗着那些困扰她的污痕。令她高兴的是,污痕立刻就不见了。

看着清洁的裤子,唐嫣立即意识到自己这几天的举动是如何地荒唐。这件小事根本没有自己想象的那么严重,任何罪过都是可以宽恕的,任何过失都不应该总是耿耿于怀,否则,永远尝不到生活的快乐。

生活中,每个人都不可避免地会出现一些小过失,尽管这些小过失会给自己带来一定的麻烦,但是,它并不是罪过,我们无须对自己那么刻薄。对于生活中的小失误,女人应该学着原谅自己,下回注意即可。就如莎士比亚所说:"过去的就让它过去吧!"豁达些吧,不要把自己的失误一直放在心上。

两千多年前,雅典的政治家伯利克里就曾经留给人类一句忠言:"请注意啊,我们已经将太多的精力纠缠于一些小事情了!"这句话,对于今天的人们来说,仍然很值得品味和借鉴。对于我们多数人来说,生活都是由无数的小事组合而成的,如果我们过多地拘泥、计较小事,那么,我们的人生也就没有什么意义和乐趣可言了,我们触目所及的必然都是烦恼、痛苦、矛盾与冲突。

在任何时候,都不要让"琐碎"把自己的人生给"揉碎"。要知道,人的精力毕竟都是有限的,如果你过于计较小事,那么,对人生中的一些大事的注意力与处理能力就必然会淡化,甚至是无暇顾及了,这也就意味着你将会失去更多。真正有气质的女人，会选择勇于放下，"糊涂"地对待一些小事，这样才能让自己收获更多重要的东西。

- **心理导读**

　　心若一潭清水，便可精彩无限；心若一潭浑水，便只能整日无闲。

　　身若累了，不过一身臭汗；心若累了，人生不再会有奇迹。

　　一辈子能做的事，就那么几件。如果你过于在小事上斤斤计较，那么，对人生中的一些大事的注意力必然会淡化，甚至无暇顾及了，也就意味着你会错过完成人生中那些重要的事情。为此，从现在开始，学着放宽心怀，在小事方面"糊涂"一些吧，这样才能腾出更多的精力，还自己一个精彩、辉煌的人生。

92. 你的心理处于疲劳期吗

♦ **心理探秘：**

　　☆哈佛大学医学家赫伯物·本林说："当一个人的身心处于过分紧张时，他的机体免疫能力便会削弱。"

　　☆心理疲劳不仅会降低我们学习与工作的效率，而且对心理健康也有一定的影响。长期的心理疲劳，使人心境抑郁，百无聊赖，心烦意乱，精疲力竭，进而还会引发一系列的心理疾病。

　　身为女人，生活中，你是否有这样的感觉：对周围的一切都失去了兴趣，不管休息多长时间，你总会感到疲惫不堪。平日里，那种雷厉风行、积极向上的心不知道去了哪里，你只想逃离这种繁忙而疲惫的生活。这时的你，也许还未意识到，你进入了心理疲劳期。

哲人维尼曾经说："倦怠乃人生大患。"人们常感叹人生短暂，其实人生悠长，只是由于不知用途而浪费，才会失去。心理疲劳是浪费人生的一种不良情绪，它会让你对生活中的一切都失去兴趣，并会陷入不断的忧虑与莫名的悲伤中。在这样的情况下，我们就要学会改变，改变自己的状态，重新焕发生命的激情。

伊丽莎白·克娃是美国加州一个平凡的上班族，她在自己42岁的时候，作了一个疯狂的决定：放下她薪水优厚的记者工作，又将身上仅有的3美元捐给街角的流浪汉，只带了一套干净的衣服，决定由阳光明媚的加州，靠搭便车与陌生人的好心横穿美国。她的目的就是去尝试一件她从小向往但从未做过的冒险的事情：到美国东海岸北卡罗莱纳州的"恐怖角"去走一遭。

这是她在精神崩溃时所作的一个极为仓促的决定。因为在某个午后，她终于厌倦了在日复一日的重复工作中耗费青春。当她发现，自己面对着工作再也没有了往日的激情，剩下的只有厌倦与不满时，她终于决定要让自己放弃这样的生活了。

一路上，她不断地回忆着自己多年来的奋斗生活：入职之后，一直勤恳地付出让她获得了丰厚的回报，但是她却从来没有过轻松的感觉。哪怕是采访到了美国最成功的大企业家或者最受欢迎的大明星时，她也毫无兴奋之感。她开始质疑自己：我到底为什么而活着？

对于她来说，虽然拥有稳定的、良好的工作、亲友。她发现自己这辈子从来没有下过什么赌注，她的人生太过平顺，从来没有经历过高峰或者低谷。

她为自己异常懦弱的上半生而痛哭流涕。

一念之间，她决定要去做她这一生最想做的事情，那就是去冒险。她选择了北卡罗莱纳的"恐怖角"作为最终的目的地。当她踏上她的梦想之旅时，还接到这样的纸条："你一定会在路上被人谋杀。"但是，最终，她成功了，顺利穿越了"恐怖角"，行程4000多公里路，受到82

个陌生人的帮助。

在此过程中,她没有接受过任何金钱的馈赠。在风雨交加的夜晚,她曾经睡在潮湿的睡袋之中。在行程中,她在游民之家,依靠打工换取住宿;住过几家夫妻不和睦的家庭,看到过夫妻俩打架;还遇到患有精神病的人;经历过这些,她终于来到"恐怖角",并在此游历了一番,完成了她多年的心愿。

在旅行过程中,她也对自己的人生进行了深入的反思,并最终回到了她原本的工作地点。这时的她重新获得了对生活的激情,几个月的时间,她得到的不是目的,而是放松自我、战胜自我、反思自我的过程。

最终,伊丽莎白开始了另一种截然不同的生活方式:她开始全身心地投入到写作与旅行中,因为这样的生活明显能让她体味到更多的幸福和快乐。

如果此时的你也处于心理疲劳期,你是否有像伊丽莎白一样的勇气,也会做出一些改变,让自己重新焕发对生活的激情呢?

心理学家指出,心理疲劳是在不知不觉间潜伏在人们身边的"隐形杀手",它不会在一朝一夕间置人于死地,而是会如同慢性中毒一般,到一定的时间、一定的"疲劳程度"之后,才会让自己处于过度的心理疲劳中,降低工作激情,进而引发疾病,这无疑也是在浪费生命。

哈佛大学公共卫生学院教授大卫·加维奇博士在自己的研究中发现,一个人如果长时期处于同样的工作中,便会产生明显的厌倦与沉闷感,其工作效率和工作成效也会大大低于平常,因为个人的精力与创造力都处于"油尽灯枯"的阶段中。

那么,在生活和工作中,我们应如何有效地解除心理疲劳呢?

1. 要劳逸结合,不要一味地沉浸于工作中

在工作中,应该对自己的时间进行合理的安排,让自己分出轻重缓急,坚持有规律地生活,进行积极而正面的休息。在平日里,要适当地参加一些如登山、跑步、游泳等体育活动,从而尽量避免因为从事过于

单一的工作而产生消极、单调的心境。同时，个人每天应该尽量保证7～8小时的持续睡眠时间，这对消除心理疲劳有较好的效果。

2. 合理安排工作时间

在平时的工作中，我们应该对自己的时间进行合理而恰当的安排。当发现自己对工作有些厌倦时，就不要紧逼自己去做不想做的事情，以防止因为忧虑而形成的思想负担。要学着放下手中的工作，去做自己所感兴趣的事情，这样就不容易产生疲惫感，让自己重新焕发工作激情。

3. 对自己拥有客观而正确的要求

凡事都要有个度，你不应该超过个人能力为自己树立起过高的要求。在面对根本办不到的事情的时候，你不应该硬拼蛮干。如果意识到自己对某件事情力所不能及，那么就应该尝试着让自己放松一下，调整一下目标，或者直接放弃，以免给自己带来心理压力。

4. 营造一个和谐的人际环境

要学会与人为善，在平日里与亲友、同事、朋友搞好关系。经验表明，只有当一个人生活在快乐、和谐与融洽的气氛中时，才有可能获得开朗的性格和愉快的身心，才会让自己远离疲劳，即便感觉到疲劳，也很容易消解。

> • **心理导读**
>
> 　　有人说："很多伟大的思想都是在简单的散步中产生的。"所以，当你面对超负荷的压力的时候，当你身心疲惫的时候，当你再无力应战的时候，不妨让自己去散步，欣赏一下大自然的花草树木……这时候，你可能就会突然发觉：天依然是那么蓝，云也是分外地洁白，这个世界还是如此美好，奋斗是如此地有意义。如此一来，你的心理疲劳便会得到缓解，心中便会再次充满激情，以充沛的精力去投入工作，从而提升你做事的效率。